概念的基本类型及其自然类地位

概念异质性假说的剖析

向必灯 著

·广州·

图书在版编目（CIP）数据

概念的基本类型及其自然类地位：概念异质性假说的剖析／向必灯著． —广州：华南理工大学出版社，2022.12
 ISBN 978 – 7 – 5623 – 7263 – 9

Ⅰ. ①概… Ⅱ. ①向… Ⅲ. ①概念 – 研究 Ⅳ. ①B812.21

中国版本图书馆 CIP 数据核字（2022）第 241523 号

GAINIAN DE JIBEN LEIXING JIQI ZIRANLEI DIWEI：GAINIAN YIZHIXING JIASHUO DE POUXI
概念的基本类型及其自然类地位：概念异质性假说的剖析

向必灯　著

出 版 人：柯　宁
出版发行：华南理工大学出版社
　　　　　（广州五山华南理工大学 17 号楼，邮编510640）
　　　　　http：//hg.cb.scut.edu.cn　E-mail：scutc13@scut.edu.cn
　　　　　营销部电话：020 – 87113487　87111048（传真）
责任编辑：肖　颖
责任校对：梁樱雯
印 刷 者：广州市新怡印务股份有限公司
开　　本：787 mm × 960 mm　1/16　印张：9.5　字数：164 千
版　　次：2022 年 12 月第 1 版　印次：2022 年 12 月第 1 次印刷
定　　价：58.00 元

版权所有　盗版必究　　印装差错　负责调换

前　言

20世纪50年代以来，人工智能技术迅猛发展，快速实现了从对逻辑推理能力的模拟到对深度学习能力的模拟的转化。然而这种迅猛发展也隐约触及一道无形的天花板——暂时难以对更高级的，似乎仅属于人类的诸多认知和非认知心理活动进行复制。这正是认知科学和认知哲学近几十年来在国内外快速兴起的根本动因。作为传统哲学、现代认知哲学、认知科学和心理学等领域的核心内容之一，概念无疑是认知科学研究的一大重点对象。在人工智能飞速发展的同时，概念心理学、概念认知心理学、概念神经心理学等与概念相关的研究也取得了长足的发展，实验发现和新的理论假说层出不穷。不幸的是，在人工智能、认知心理学、认知科学快速发展的同时，各种虚构论或消去论也相继出现且影响甚广，如模型虚构论、概念消去论等，这些理论也在消解概念的理论发展进程。

本书剖析的对象——概念异质性假说（The Heterogeneity Hypothesis of concepts）即为概念消去论的一种。自20世纪70年代以来，概念原型说、概念范例说、概念理论说等多种拥有范式地位的概念假说相继出现。概念原型说认为，概念是关于特定范畴全部或大多数成员可能拥有属性的知识体，由统计学意义上的原型（prototypes）构成，范畴化等认知过程中所涉及的概念亦指这些原型。概念范例说认为，概念是关于某些特定范畴成员所拥有属性的知识体，由一系列的范例（exemplars）构成，范畴化等认知过程中所涉及的概念亦指这些特定的范例。概念理论说认为，概念主要是关于某些特定范畴属性之间因果关系的知识体，拥有与理论（theories）这种心理表征相似的组织形式以及与科学理论相似的解释和预见功能，范畴化等认知过程中所涉及的概念亦指这些理论。这些不同的概念假说均能提供严格的经验证据，而且均声称拥有很强的解释和预见能力，均主张自身才是唯一正确的概念理论。

为了调和这些理论范式之间的尖锐分歧，麦歇瑞（E. Machery）提出了概念异质性假说。概念异质性假说主要由C概念刻画和五条基本原则构成。其中，按照 C 概念刻画的相关理论，概念是存储于长时记忆中的，在支撑高级认知能力的认知过程中默认使用的，关于某种特定范畴的知识体。麦歇瑞对 C 概念刻画的默认使用原则进行了详细说明，并将 C 概念刻画中所界定的概念作为整个概念异质性假说的基本前提，异质性假说的五条基本原则或者说整个概念异质性假说中所涉及的概念均为 C 概念刻画中界定的概念。概念异质性假说第一条原则（多元概念原则）认为，有可靠有效证据表明人们拥有同一范畴的多种不同概念；第二条原则（概念异质性原则）认为，这些拥有共同指称的不同概念之间没有科学意义上的共同属性，必须当作是异质性的概念类型；第三条原则（基础地位原则）认为，有坚实的证据表明，原型、范例和理论是三种异质性的概念类型；第四条原则（过程异质性原则）认为，原型、范例和理论一般分别应用于不同的异质性认知过程；第五条原则认为，概念这一心理学范畴并不构成科学意义上的自然类，因而应该从心理学或认知科学理论词汇中消去"概念"这一术语。

麦歇瑞对各种概念学说进行了系统性梳理和精准概括，提出了概念异质性假说这一比较完整的理论体系，并对其主要观点进行了充分论证。公平地说，概念异质性假说的提出为推动概念心理学或概念认知科学的发展做出了非常积极的贡献。然而，整个概念异质性假说，包括 C 概念刻画和五条基本原则，并非经得起严格的推敲。本书将对 C 概念刻画和五条基本原则进行逐一剖析，并在此基础上提出笔者的看法和多个新的理论模型。

除了对概念异质性假说的各主要观点及其论证进行剖析和反驳，本书的理论创新主要包括：首先，通过对 C 概念刻画中默认使用原则的论证进行剖析并结合其他最新研究成果，本书认为储存于概念中的知识体（或语义知识）在应用于高级认知过程时并不是默认使用的，而是根据不同的语境分别启动的，即不同的语境分别启动概念知识中的不同部分，而不是全部概念知识一次性地默认启动。进而本书提出并详细阐述了两种全新的概念知识语境启动模型，即语境 – 指称启动模型和语境 – 语义启动模型。其次，针对麦歇瑞提出的三种基本概念类型（原型、范例和理论），本书认为理论并不能单独构成一种独立的概念类型。麦歇瑞也并未提出何以构成基本概念类型的认知意义或概念心理学意义上的标准，因此本书提出并阐述了在认知意义上构成基本概念类型的三项标准，即概念的指称功能、个体化功能和表征功能，并依据这三项标准对各种概念类型的基础性地位逐一进行评估，得出结论：范例、原型和定义构成三种基本概念类型，而且它们遂行三项基本认知功能的能力依存度增强。但理论完全不具备执行这三项基本认知功能的能力，因而并不构成一种基本概念类型。同时，本书提出并阐述了概念与其指称对象之间建立指称关系的三种方式，以及概念个体化能力与其所刻画属性之间的正相关关系，进而构建了概念指称关系确立模型和概念个体化能力变动模型。再次，针对概念异质性假说的第四条原则（过程异质性原则），本书认为范例和原型等基本概念类型所支持的不同范畴化（或归纳推理等）过程并不构成整体意义上的并行关系，而是构成局部意义上的并行关系和整体意义上的串行关系，因而提出了串行式多过程理论模型并加以说明。本书认为，即使范例和原型等基本概念类型所支持的各种认知过程是不同的异质性认知过程，这些异质性认知过程所支撑的高级认知能力也并不构成同一种认知能力，而是多种不同的异质性认知能力。另外，理论并不能单独支持任何认知过程。最后，针对概念异质性假说的第五条原则，本书认为范例、原型和理论的形成过程存在严密的逻辑依存关系，并结合最新的发展心理学研究成果，提出和阐述了范例、原型和理论的依存关系模型。同时，本书在对 CLA 因果知识学习模型进行剖析的基础上，提出了新的因果知识学习 VEMACK 模型。另外，本书根据麦歇瑞对自然类的因果刻画，认为由范例、原型和定义形成的概念这一心理学范畴，可以看作是纵向意义上的自然类，而由范例、原型、定义和理论形成的概念，是横向意义上的自然类，因而"概念"这一术语不应该从认知科学或心理学理论词汇中消去。

目 录

第一章　C 概念刻画与语境启动原则 ... 1
第一节　C 概念刻画剖析 ... 2
一、高级认知能力与基础认知能力 ... 2
二、C 概念刻画中的长时记忆 ... 3
三、C 概念刻画中的默认使用原则 ... 4
第二节　两种语境启动模型 ... 7
一、语境启动效应的六条原则 ... 7
二、两种语境启动模型 ... 12
三、语境启动效应与默认使用原则 ... 13
第三节　其他概念刻画评析 ... 15
一、作为临时知识体的概念 ... 16
二、作为受意识控制的概念 ... 17
三、作为思想组分的概念 ... 18
四、作为范畴化工具的概念 ... 19
五、哲学中的概念刻画 ... 20

第二章　概念一元论与多元论 ... 22
第一节　经典一元论反驳论证检视 ... 23
一、经典一元论 ... 23
二、反稻草人论证 ... 23
三、对反驳经典一元论论证的剖析 ... 25
第二节　域多元论反驳论证检视 ... 26
一、域多元论 ... 26

二、麦歇瑞对域多元论的反驳 ………………………………… 27
　第三节　认知能力多元论反驳论证检视 …………………………… 28
　　一、认知能力多元论 …………………………………………… 28
　　二、麦歇瑞对认知能力多元论的反驳 ………………………… 29
　第四节　混合概念理论反驳论证检视 ……………………………… 30
　　一、混合概念理论 ……………………………………………… 30
　　二、混合概念理论与概念异质性假说的差异 ………………… 32
　　三、麦歇瑞反驳混合概念理论协调性原则的第一个论证 …… 33
　　四、麦歇瑞反驳混合概念理论协调性原则的第二个论证 …… 35

第三章　概念的三种基本类型 …………………………………… 38
　第一节　基本概念类型的构成要件 ………………………………… 39
　　一、概念的指称功能 …………………………………………… 39
　　二、概念的表征功能 …………………………………………… 41
　　三、概念的个体化功能 ………………………………………… 42
　第二节　范例概念 …………………………………………………… 44
　　一、概念范例说 ………………………………………………… 44
　　二、基于范例的表征模型和范畴化模型 ……………………… 45
　　三、范例概念的基础性地位 …………………………………… 46
　第三节　原型概念 …………………………………………………… 48
　　一、概念原型说 ………………………………………………… 48
　　二、基于原型的表征模型和范畴化模型 ……………………… 50
　　三、原型概念的基础性地位 …………………………………… 52
　第四节　定　义 ……………………………………………………… 54
　　一、概念定义说 ………………………………………………… 55
　　二、对拒斥概念定义说论证的反驳 …………………………… 56
　　三、定义的基础性概念地位 …………………………………… 58
　第五节　理　论 ……………………………………………………… 59
　　一、概念理论说 ………………………………………………… 60
　　二、对概念理论说的三点反驳 ………………………………… 61

三、理论的非基础性概念地位 ·· 63

　第六节　其他概念类型的非基础性地位 ······································· 65

　　一、新经验主义概念说 ·· 65

　　二、概念典范说 ·· 67

第四章　串行式与并行式多过程理论 ·· 69

　第一节　认知过程并行论证检视 ··· 70

　　一、过程异质性原则对认知能力的刻画 ······································ 70

　　二、过程异质性原则对认知过程的刻画 ······································ 71

　　三、简单启发法工具箱理论 ·· 73

　第二节　认知能力与认知过程个体化论证检视 ································· 75

　　一、认知能力个体化 ·· 75

　　二、认知过程个体化 ·· 77

　　三、范畴化能力异质性论证 ·· 78

　第三节　最佳预见与解释论证检视 ··· 80

　　一、基于原型或范例的范畴化等认知过程 ···································· 80

　　二、基于理论的范畴化等认知过程 ·· 81

　　三、概念合成中的典型性、范例和因果效应 ·································· 83

　第四节　神经心理学论证检视 ··· 84

　　一、阅读双过程理论 ·· 85

　　二、范畴化多过程理论 ·· 86

　　三、E. P. 患者的范畴化与识别功能分离 ···································· 88

　第五节　其他相关多过程理论检视 ··· 90

　　一、显明式与隐含式范畴习得多过程理论 ···································· 91

　　二、双系统多过程理论 ·· 92

第五章　概念的自然类地位 ·· 94

　第一节　概念消去论的两种进路 ··· 95

　　一、指称进路概念消去论 ·· 95

　　二、自然类进路概念消去论 ·· 99

第二节 范例、原型及理论概念的逻辑依存 ………………………… 103
一、从范例到原型 ……………………………………………… 104
二、基于范例和原型的理论概念 ……………………………… 107

第三节 两种因果知识学习模型 …………………………………… 109
一、因果认知发展的 CLA 模型 ……………………………… 109
二、习得因果知识的 VEMACK 模型 ………………………… 112

第四节 概念的自然类地位 ………………………………………… 117
一、"概念"的无效范畴地位 ………………………………… 118
二、概念自然类地位的纵向回归 ……………………………… 118
三、概念自然类地位的横向回归 ……………………………… 120

参考文献 …………………………………………………………… 123

后　记 ……………………………………………………………… 140

第一章
C 概念刻画与语境启动原则

随着神经心理学、人工智能及认知科学等学科的兴起,作为传统哲学议题的"概念"领域受到了广泛的讨论,特别是 20 世纪末学者在概念心理学领域对概念的本质、载体、认知功能、获取途径及神经定位等方面进行了系统性的研究。为了对概念进行清晰界定,消除各种理论学说使用术语时的潜在歧义,进一步阐述概念异质性假说,麦歇瑞(E. Machery)提出 C 概念刻画[①],其认为概念是关于某种特定范畴的,存储于认知主体长时记忆中的,并在支撑高级认知能力的认知过程[②]中被默认使用的知识体[③]。为了区别于其他概念刻画,麦歇瑞称这种概念刻画为"概念的 C 刻画"或"C 概念刻画",且将其作为整个概念异质性假说的基本前提。概念异质性假说的五条基本原则所使用的概念均指向 C 概念刻画,五条基本原则的所有论证也都基于 C 概念刻画。

[①] C 概念刻画本身并不会提出系统性的理论假设,只讨论"概念是什么"这一基础性问题。

[②] 认知能力由一系列相关认知过程所实现的认知功能来定义,本书第四章将专门讨论认知能力与认知过程的关系,本章第一节专门讨论什么是高级认知能力。

[③] 心理学中的知识体作为一种心理实体并不要求必然为真和可辩护,可以是隐含的或明晰的,也可以是命题的、图像的或程序性的。

第一节　C 概念刻画剖析

根据 C 概念刻画的相关理论①，作为概念的知识体需要满足三个条件：第一，存储于长时记忆而不是工作记忆；第二，被运用于支持高级认知能力而不是基础认知能力的认知过程；第三，在支持高级认知能力的认知过程中是被默认使用的。在心理学领域，概念作为一种知识体已基本成为共识，但对这三个条件却存在不同程度的争议，特别是第三个条件。

一、高级认知能力与基础认知能力

根据 C 概念刻画，作为概念的知识体被运用于支持高级认知能力的认知过程，然而如何区分高级认知能力及其对应的基础认知能力并不存在公认的标准。

麦歇瑞认为，一般可以通过五个方面来对高级认知能力和基础认知能力进行区分，或者说相对于支持基础认知能力的认知过程，支持高级认知能力的认知过程一般具有五个方面的属性②：①认知渗透性，即信念或欲望等可以对支撑高级认知能力的认知过程产生影响；②不需要知觉输入，也不会产生知觉输出；③具有较少的模块性；④能产生有意识的输出；⑤运行速度较慢。根据这些属性，麦歇瑞认为高级认知能力包括范畴化、演绎推理、归纳推理、类比和语言理解等方面，而基础认知能力包括知觉能力和运动能力等方面。

针对麦歇瑞关于高级认知能力和基础认知能力做出的区分，索普（S. J. Thorpe）等人认为语言理解不受意识控制（或不具有认知渗透性），范畴化的速度也可以

---

①　本书主要讨论心理学领域的概念，因此仅在本章第三节简要探讨概念的哲学刻画与心理学刻画的关系。

②　MACHERY E. Doing without Concepts [M]. Oxford：Oxford University Press，2009：8-9.

很快①；同时，麦歇瑞也承认知觉的后期阶段，特别是对知觉内容的范畴化过程也归属于高级认知能力。

对于这些分歧，麦歇瑞没有给出任何解决方案，只是认为支撑高级认知能力的认知过程可以只拥有前述五种属性中的多数几种，并不必然要求同时拥有全部五种属性。然而这种立场上的后退并没有实际意义。首先，就知觉能力而言，知觉的后期阶段存在明显的范畴化过程，而范畴化本身作为一种高级认知能力也不存在争议，因而可以把知觉能力分成前期的感知能力和后期的范畴化能力，从而有效解决知觉能力的归属争议②。其次，鉴于范畴化作为一种高级认知能力并不存在争议，索普等人认为"范畴化的速度很快"的这个设定也并不成立，或者需要对范畴化速度之所以很快做出特设性解释。范畴化在整个概念异质性假说中发挥着举足轻重的作用，因而更有必要对索普等人关于范畴化的质疑做出有效的回应③。最后，索普等人认为语言理解并不需要意识控制（认知渗透），然而语言理解能力一般被认为属于高级认知能力（包括麦歇瑞本人），因此这种质疑并不成立，即语言理解过程并不是无意识的，而是包含对不同信息或知识单元的匹配等有意识的认知过程，只是这些过程表现得比较隐秘④。

通过以上分析可以看出，虽然麦歇瑞对高级认知能力与基础认知能力的区分并不是很清晰，但把范畴化、演绎推理、归纳推理、语言理解和类比等归属于高级认知能力本身并无明显不妥。

二、C 概念刻画中的长时记忆

麦歇瑞认为，作为概念的知识体存储于长时记忆，支持高级认知能力的认知过程均共享该长时记忆，而支持基础认知能力（如知觉、句法分析和运动计划

---

① THORPE S J, DELORME A, VAN RULLEN R. Spike based strategies for rapid processing [J]. Neural Networks, 2001 (14): 715 – 726.

② 即使这种解决方案最后不能成立，也不失其现实意义。

③ 概念异质性假说的第四条原则，即原型、范例和理论分别被应用于支撑同一种认知能力的多种异质性认知过程，而范畴化能力是其中最典型的一种认知能力，相应的，范畴化过程也是其中最典型的认知过程。

④ 关于语言理解的认知机制还有待进一步研究，本书第五章将有所涉及。

等）的认知过程则拥有各自专属的记忆空间①。

根据 C 概念刻画的相关理论，概念作为一种存储于长时记忆中的知识体并没有太大的争议，因为虽然少数心理学家认为概念只存在于工作记忆或短时记忆，但如果长时记忆中没有概念存在，那么工作记忆或短时记忆中也不可能存在概念，除非认知主体所使用的概念来源于临时习得过程，不过这种情况一般极少发生。麦歇瑞在进一步区分高级认知能力与基础认知能力时，把长时记忆归入前者，而把专用记忆归入后者，但长时记忆与专用记忆并不像高级认知能力和基础认知能力一样具有对立关系，即专用记忆也可能属于长时记忆或部分属于长时记忆。凯瑞迈兹（A. Caramazz）和马宏（B. Z. Mahon）等人认为长时记忆本身也分为不同的部分，而麦歇瑞认为即使长时记忆分为不同的部分，支持高级认知能力的认知过程也可以通达这些不同的部分②。

从上述分析可以看出，麦歇瑞引入长时记忆和专用记忆来区分高级认知能力和基础认知能力的尝试并不成功，同时也没有对概念存储于长时记忆之中这一重要属性做出任何说明。相反，巴沙劳（L. W. Barsalou）则认为概念是存贮于工作记忆中的临时知识体③。

三、C 概念刻画中的默认使用原则

虽然心理学家通常认为特定范畴的概念是关于该对象范畴的知识体，但并不认为关于该对象的所有知识都构成其概念的一部分。比如，狗的概念是关于狗的一个知识体，但关于狗的全部知识并非都包括在狗的概念之内。其中，构成概念的部分被称为概念知识或语义知识并存储于语义记忆，而不构成概念的部分被称作背景知识或百科知识并存储于百科记忆。然而这种概念知识与背景知识的区分并没有一种明确的依据。麦歇瑞认为，心理学家在做出这种区分时都或明或暗地依赖于一种假设，即概念是一种在支持高级认知能力的认知过程中被默认使用的

---

① MACHERY E. Doing without Concepts [M]. Oxford：Oxford University Press，2009：9.
② CARAMAZZA A，MAHON B Z. The organization of conceptual knowledge in the brain：The future's past and some future directions [J]. Cognitive Neuropsychology，2006（23）：13 – 38.
③ MACHERY E. Doing without Concepts [M]. Oxford：Oxford University Press，2009：21.

知识体①。所谓被默认使用是指在对特定的对象进行范畴化等高级认知活动时，其概念知识会被优先检索和使用，或者说会自动进入相关认知过程。与之相反，只有当这些概念知识不足以完成当前的认知任务时，其背景知识才会被检索和使用，而不是被优先检索和使用或自动进入相关认知过程。

为了证明作为概念的知识体在支持高级认知能力的认知过程中是被默认使用的，麦歇瑞提供了两个论证：一方面，他认为在完成相关高级认知任务的过程中，默认使用相应范畴的概念知识是一种最有效率的方式。比如，当人们对某个对象（狗，或其他相关范畴，如狼）进行范畴化时，狗的概念作为关于狗这种范畴的知识体将被范畴化过程默认使用，以保证最有效率地完成该范畴化任务；另一方面，他以人们一般会判定"猎豹比人跑得快"这个语句为真作为例子，证明在完成高级认知任务时存在一个被默认使用的有关对象范畴的知识体，因为只有存在一个关于猎豹的默认知识体时，人们才会对"猎豹比人跑得快"这种句子自觉做出肯定判断。

然而，麦歇瑞的这两个论证是不成立的。首先，从效率的角度看，因为缺乏针对性，在完成涉及同一范畴的不同认知任务时，如果默认使用作为该范畴概念的相同知识体不仅不会提升完成相关认知任务的效率，反而会降低其完成效率。例如，当看到一只与自家宠物狗高度相似的动物而需要对其进行范畴化时，只需要用到狗的范例概念②，而不需要用到狗的原型概念等其他概念知识。相反，如果此时与完成其他认知任务一样默认使用狗的其他概念知识，完成该范畴化任务的效率则会降低。其次，从其给出的语言学例子来看，如果对"猎豹比人跑得快"这个句子稍做改动，比如把这个句子改成"猎豹总是比人跑得快"，情况就会完全相反，人们不再自动判断这个句子是真的，而是做出否定的判断。人们之所以对改动前后的语句做出完全不同的判断，是因为前者被认为涉及的是一般情况（即大多数情况），而后者涉及的是全部情况，即两个句子涉及两种完全不同的语境。由此可以看出，与其说存在被默认的概念知识体，不如说存在被默认的语境③。语境才应该是哪部分概念知识会被最终检索的决定因素。事实上，麦歇

---

① MACHERY E. Doing without Concepts [M]. Oxford: Oxford University Press, 2009: 11.
② 本书第三章第二节将专门介绍范畴化过程中的范例效应。
③ 事实上，该例中所引入的两种语境可能是通过启动或激活机制实现的，此处提出默认语境更多是为了方便叙述，本章下一节将具体讨论语境启动原则。

瑞也承认语境在范畴化判断等认知任务中所起的根本性作用①。

对于前述语言学例子可能引起的质疑，麦歇瑞进一步认为，在没有时间压力的情况下，人们会检索相关背景知识，从而对前述问题做出否定回答。布兰查德（T. Blanchard）认为②，虽然原型说心理学家在设计实验验证典型性效应时有明确的时间要求，但芮普斯（L. J. Rips）在设计实验验证因果效应时却没有提出时间要求，且史密斯（E. E. Smith）和索罗门（S. A. Sloman）让受试在时间压力下重复芮普斯的实验也失败了。同时，墨菲（G. L. Murphy）和马丁（D. L. Medin）也认为，当受试仅仅依靠典型性属性不能顺利做出范畴化判断时，他们也会检索理论知识来辅助进行判断③。由此可见，麦歇瑞认为的作为三种基本概念类型之一的理论中所包含的知识并不必然被默认使用。

总体上看，虽然麦歇瑞未能提供充分的论证，但 C 概念刻画对作为概念的知识体所做的前两种限定（作为概念的知识体应用于支持高级认知能力的认知过程并存储于长时记忆）并未受到根本质疑。然而，就 C 概念刻画对作为概念的知识体所做的第三种限定（即作为概念的知识体应用于支持高级认知能力的认知过程）而言，麦歇瑞所提供的论证并不成立，因而他也不能通过这种限定（默认使用原则）真正将概念知识与背景知识区分开。而巴沙劳之前就认为，概念知识与背景知识之间的边界是模糊的和动态的④。如果说麦歇瑞和巴沙劳等人都因承诺概念知识和背景知识之间存在边界而陷入边界限定难题，那么语境启动效应就可以很好地解决这一难题，本章下一节将专门讨论语境启动效应。

---

① MACHERY E. Doing without Concepts [M]. Oxford：Oxford University Press，2009：74.
② BLANCHARD T. Default knowledge, time pressure and the theory - theory of concepts [J]. Behavior and Brain Science，2010（33）：206－207.
③ MURPHY G L, MEDIN D L. The role of theories in conceptual coherence [J]. Psychological Review，1985（3）：289－316.
④ MACHERY E. Doing without Concepts [M]. Oxford：Oxford University Press，2009：12.

第二节　两种语境启动模型

从上一节的分析可以看出，麦歇瑞在 C 概念刻画中提出的默认使用原则未能也不可能真正确立概念知识与背景知识之间的边界，因为"默认使用"本身并不能构成一种有效的区分机制，即无法进一步回答概念知识与背景知识究竟如何区分，因而默认使用原则更可能是一种无奈的假设。本节通过阐述语境启动效应的六条具体原则以及两种语境启动模型，即语境-指称启动模型（References Priming Effect in Context or RPEC）和语境-语义启动模型（Semantics Priming Effect in Context or SPEC），全面深入地讨论语境如何启动概念知识及其与背景知识的相互关系，进而反驳麦歇瑞提出的概念知识默认使用原则。

一、语境启动效应的六条原则

启动效应是指在相关认知过程中先出现的概念会激活后续认知过程中出现的其他概念，从而加速后续认知过程的一种心理现象[1]。其中先出现的概念为启动项，后出现的概念为被启动项或目标项。比如，由于翡翠与黄瓜之间存在语义关联，对翡翠进行范畴化之后，对黄瓜的范畴化速度会明显加快。

1. 语境启动效应包括语境-指称启动效应和语境-语义启动效应

冯·丹茨格（S. Van Dantzig）等人认为，语境是指特定时空条件下共同呈现的各种对象（一般为物理实体）的集合[2]，比如由各种厨具及其时空关系构成的厨房即为一种功能性语境。根据冯·丹茨格等人对语境的刻画，语境启动效应是指特定语境中某种具体构成要素的概念（如厨房中的冰箱）作为启动项激活其他

---

[1] 广义的启动效应也包括减缓后续认知过程的现象。
[2] VAN DANTZIG S, RAFFONE A, HOMMEL B. Acquiring contextualized concepts：A connectionist approach [J]. Cognitive Sciences，2011（35）：1162-1189.

构成要素的概念（如灶台）的心理现象①。

从冯·丹茨格等人对语境的描述可以看出，语境启动效应中的启动项和被启动项均包含在同一语境之内，即两者之间存在特定的时空联系，这种特定的时空联系本身并不必然要求启动项和被启动项之间存在语义上的关联，而只需要两个相关概念的指称对象确实共存于同一语境。比如，在厨房这种语境下，冰箱和灶台这两个概念之间存在相互启动关系，但这种相互启动关系并不必然要求冰箱和灶台这两个概念之间存在语义联系，而只需要它们分别指称的物理对象确实存在特定的时空联系。为了阐述方便，本书将这种启动项和被启动项共处同一语境且必须借助其有效指称功能才能产生的语境启动效应简称为语境－指称启动效应（RPEC）。与语境－指称启动效应相对应的是语境－语义启动效应（SPEC），其启动项和被启动项并不共处同一语境，而是分别处于不同语境。

2. 语境及其要素协同概念化构成语境－指称启动效应的经验基础

冯·丹茨格等人认为，语境及其要素的协同概念化是指在语境要素概念化的相同时空条件下同步实现语境的概念化，其中语境要素概念化是指认知主体通过重复经历相同或相似的语境，各种语境要素的概念表征逐渐得以形成的过程。而语境协同概念化是指认知主体通过重复经历相同或相似的语境，在各种语境要素概念化的同时，包括各语境要素及其时空关系在内的整个语境逐步形成概念表征的过程，即整个语境的概念得以形成的过程。

3. 属性重叠与凸显构成产生语境－语义启动效应的语义基础

巴沙劳（L. W. Barsalou）的实验研究表明，概念包含两种属性——语境独立属性和语境依赖属性，其中语境独立属性可以直接通过语词（主要指与特定概念相关的指称物理实体的名词）跨语境激活，语境依赖属性则必须通过语境激活②。

---

① 该种语境启动效应中的启动项和被启动项可以包括其中任何一种具体要素甚至整个语境的概念，本节后续内容将介绍语境概念化。

② BARSALOU L W. Context－independent and context－dependent information in concepts [J]. Memory, and Cognition, 1982 (1): 82－93.

惠特尼（P. Whitney）等人的实验研究表明①，概念中所包含的高支配（high dominant）属性②作为语词意义不变的核心内容，其初始可达性（激活）不受语境影响。然而，与巴沙劳和惠特尼等人的研究结果相反，赖波伊斯（L. A. M. Lebois）等人的实验研究表明，语词的概念中并不存在构成其核心的会跨语境自动激活的重要属性，而只有那些在特定认知任务构成的语境下变得重要的属性才会被激活，即概念中所包含的所有属性是否被激活都由具体的语境决定③。佩歇尔（D. Pecher）等人的实验研究表明，具有知觉相似性的语词之间并不必然存在相互启动关系，只有当相关知觉属性在其他认知任务中被激活之后，具有该种知觉属性的两个概念之间才会产生启动效应④。比如，只有对钟表的形状进行判断之后，形状都是圆形的比萨饼和硬币之间才会产生启动效应。

4. 语境-语义启动效应有赖于特定神经功能系统对概念信息的管理

在语境及其要素协同概念化过程中所形成的表征语境及其要素的原型概念包括视觉、听觉及嗅觉等各种知觉信息，对这些不同类型的信息进行编码、储存、传递和检索，特别是按照语境及其要素概念化过程中的紧密时空关系对这些信息进行分类储存和检索等都需要具备相应功能的神经系统来完成。比如在一次参观某个朋友的厨房之后，我们会记住该厨房内各种物品的形状、功能、摆放位置甚至某些食物的味道等各种知觉信息，而当后来回忆这次参观过程时则需要检索当时所经历的各种物品信息而不是其他时间所经历的相关物品信息，这就要求相应的神经系统能够按时间序列对相关信息进行分类储存和检索。除了语境-指称启动效应中所涉及的各种概念信息需要特定的神经功能系统进行有效管理外，语境

---

① WHITNEY P, MCKAY T, KELLAS G, et al. Semantic activation of noun concepts in context [J]. Journal of Experimental Psychology: Learning, Memory, and Cognition, 1985 (1): 126-135.

② 比如，相对于其他属性，会吠是狗最显著的属性之一。

③ LEBOIS L A M, WILSON-MENDENHALL C D, BARSALOU L W. Are automatic conceptual cores the gold standard of semantic processing? The context-dependence of spatial meaning in grounded congruency effects [J]. Cognitive Sciences, 2015 (39): 1764-1801.

④ PECHER D, ZEELENBERG R, RAAIJMAKERS J G W. Does pizza prime coin? Perceptual priming in lexical decision and pronunciation [J]. Journal of Memory and Language, 1998 (38): 401-418.

——语义启动效应中所涉及的各种概念信息也同样需要特定的神经功能系统进行有效管理。比如,对启动项和被启动项可能拥有的相似属性进行分类储存。

梅耶(K. Meyer)和达马西奥(A. Damasio)的研究表明,在形成多层级概念系统的过程中,大脑存在多种对跨感觉运动区同时发生的激活模式进行录入的发散收敛功能区(convergence divergence zones,CDZs),这些功能区与不同的概念层级相对应,能把特定语境下同时发生的各要素的概念表征及其对应感觉运动区域联结起来,并且能够在以后回忆相关事件时重构该语境的不同要素。同样,在以较低层级语境为要素构成的较高层级语境的概念化过程中,相应的发散收敛功能区会对较低层级语境的概念表征及其对应的感觉运动区域展开联结,并在以后的回忆过程中重构这些不同的语境①。另外,许(N. S. Hsu)和西蒙斯(W. K. Simmons)等人认为,物体概念中的语义信息通过神经基质得以表征,当物体的概念被理解或参与其他认知过程时,这些神经基质则会被激活。功能磁共振成像研究表明与颜色相关的语义信息与这种观点完全吻合②。

5. 注意力定位构成产生语境启动效应的主观要件

伊尔(E. Yeel)等人的实验研究表明,当受试的注意力通过一种所谓的斯特鲁普(Stroop)任务③被转移到对颜色的关注之后,读出某种物体的名称会启动其他与之拥有相同诊断性颜色的物体概念④。比如,读出"棉花"这个语词会启动白云等其他物体概念,因为白云和棉花拥有白色这种相同的颜色,而且白色是它们的诊断性属性。相反,如果受试的注意力没有被转移到颜色上来,则不会产生这样的启动效应。同样,在语境指称启动过程中,只有当整个语境或其中的某些

---

① MEYER K, DAMASIO A. Convergence and divergence in a neural architecture for recognition and memory [J]. Trends in Neurosciences, 2009 (7): 376 – 382.

② HSU N S, KRAEMER D J M, OLIVER R T, et al. Color, context, and cognitive style: Variations in color knowledge retrieval as a function of task and subject variables [J]. Journal of Cognitive Neuroscience, 2011 (9): 2544 – 2557.

③ 斯特鲁普(Stroop)任务,是指表示颜色名称的语词字体呈现为不同颜色时,要求受试判断不同语词的字体颜色,如当"红色"这个语词的字体呈现为红色或其他颜色时,要求受试判断字体颜色。

④ YEE E, AHMED S Z, THOMPSON – SCHILL S L. Colorless green ideas (can) prime furiously [J]. Psychological Science, 2012 (4): 364 – 369.

要素引起认知主体的注意时才会产生启动效应。

凭直觉，即使启动项和被启动项所共同拥有的某些属性通过某种特定的语境而变得凸显，如果注意力未能转向这些属性，也不会产生启动效应。因而在语境语义启动过程中，启动项和被启动项拥有共同的属性及其凸显，以及认知主体注意力对这些属性的锁定是产生语境-语义启动效应不可或缺的主观和客观要件。

6. 信念、偏好和情绪等构成语境-语义启动过程的强化或干扰因素

从前述分析可以看出，语境-语义启动过程不仅需要启动项和被启动项共有某些属性且通过特定语境提升这些属性的重要性，同时还需要认知主体的注意力成功锁定这些属性。而在注意力转移至这些属性的过程中，认知主体的信念、偏好和情绪等心理状态各自发挥着不同的作用。首先，认知主体的特定信念会对相关语义-语义启动过程产生正强化或负强化（弱化）作用。比如，当某认知主体所见过的乌鸦都是白色的并相信所有的乌鸦都是白色的时，其读出"棉花"这个语词后启动白云或雪山等概念的难度会相应减小。相反，当某认知主体所见过的钟表都是方形进而相信所有钟表都是方形的时，其读出"比萨"这个语词后启动硬币概念的难度则会相应增大，甚至完全不会产生启动效应。其次，认知主体的特定偏好也会对相关语境-语义启动过程产生正强化或负强化作用。比如，当认知主体比较喜欢红色时，其读出"火烈鸟"这个语词后会更容易启动晚霞等概念。相反，当认知主体比较讨厌红色时，其读出"火烈鸟"这个语词后启动晚霞等概念的难度则会相应增大。最后，认知主体在特定时间内的不同情绪会对相关语境-语义启动过程产生弱化作用甚至会消除启动效应。由于在不同的情绪状态下，认知主体的各种正常认知过程都会受到影响，从而使相关认知过程偏离理性方向，正常的启动效应会被削弱甚至消除。由此可见，信念、偏好和情绪等心理状态都会直接影响语境-语义启动过程。

在上述语境启动效应的六条原则中，虽然各具体原则从不同侧面刻画了语境启动效应的大致框架，但这些刻画是否全面准确还有待进一步研究，特别是关于注意力形成及其工作机理的研究目前尚无明显进展。另外，在语境-语义启动过程中，启动项和被启动项共享属性的权重是否发挥作用或究竟发挥什么作用，以及认知主体近期所经历的情景是否在某种程度上产生启动效应等也有待更深入的研究。

二、两种语境启动模型

通过上述语境启动效应六条原则中的第一、二、三、五条原则可以构建概念知识语境启动效应的两种模型,即语境-指称启动模型(RPEC)和语境-语义启动模型(SPEC)。

1. 语境-指称启动模型(RPEC)

从冯·丹茨格等人对语境的刻画可以看出,特定的语境不仅包含构成该语境的不同对象元素,还包括这些对象元素之间的特定时空关系。其中,如果只包含空间关系而不包含时间关系,则构成静态语境;如果既包含空间关系也包含时间关系,则构成动态语境。同时,从前述对语境及其要素协同概念化的刻画可以看出:①语境要素概念化是语境概念化的基础,彼此之间存在从下往上的关系或输入输出的关系;②语境及其要素通过概念化形成的表征分别构成各自的原型概念;③语境及其要素的原型概念整体上构成一个有序的层级结构;④由于语境概念与其要素概念之间存在紧密的时空关系,因而语境概念同时也构成其要素概念不可或缺的背景知识,即语境要素的概念不仅仅包括表征各要素本身的原型概念,还应该包括由其所在语境构成的反映各要素时空关系的背景知识;⑤语境及其要素之间紧密的时空关系构成语境概念与其要素概念之间相互启动或激活关系的唯一经验基础,而这种特定的时空关系也同样会被概念化。语境-指称启动效应产生过程如图1-1所示,其中椭圆表示整个语境,A、B、C、D表示语境中的各种要素(物理实体),双向箭头表示语境及各要素之间的相互启动关系。

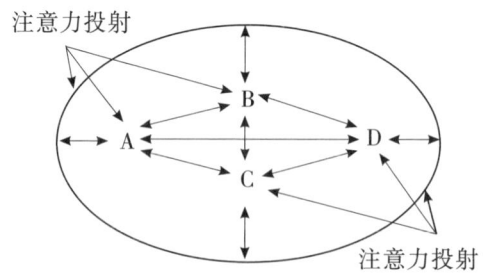

图1-1 语境-指称启动效应产生过程

2. 语境-语义启动模型（SPEC）

通过语境启动效应第三条原则中的相关实验研究可以看出，概念所包含的各种属性并不会通过概念对应的语词跨语境自动激活，而是要通过具体的语境使其中的某些属性变得凸显后才会被激活，拥有相似属性表征的概念之间也只有当这些属性在特定的语境下变得凸显后才会产生相互启动效应。比如，当发现钟表掉落桌面并打碎了一只水杯之后，该钟表的重量和下落速度等属性才会被激活，而其圆形的表观属性则不会被激活，与其具有相似外形的比萨和硬币之间也不会产生启动效应。由于该种启动效应必须借助启动项和被启动项的某些相似或相同的属性，即启动项和被启动项必须拥有某些相似或相同的语义，而不要求启动项和被启动项共处同一语境，因而将这种语境启动效应简称为语境-语义启动效应。语境-语义启动效应产生过程如图1-2所示，其中A与B、C、D之间的单向实线箭头表示概念A对其他概念的第一次启动，而虚线箭头表示后续各概念之间的相互启动。

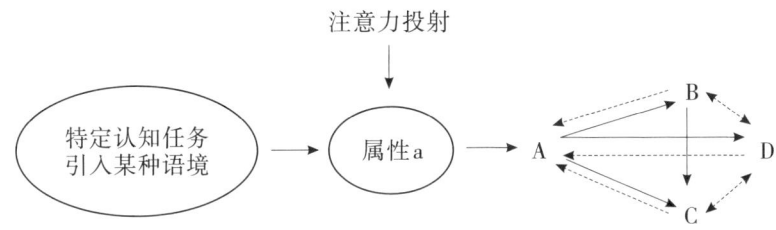

图1-2 语境-语义启动效应产生过程

三、语境启动效应与默认使用原则

为了区分概念知识和背景知识，麦歇瑞认为概念知识是在支持高级认知能力的认知过程中被默认使用的知识体，并通过语言学案例"猎豹比人跑得快"及经济学中的效率原则对默认使用原则进行论证。然而，语境启动效应的最新研究表明麦歇瑞的这些论证并不成立，默认使用原则与本书提出的语境启动效应存在根本冲突。

1. 语境决定同一概念中的哪些概念类型被启动

根据语境-指称启动模型，猎豹案例中"猎豹比人跑得快"这一语句提供的是一般性的语境，猎豹、人和语境本身构成了该语境的三种对象要素。由于这种语境只是一般性语境，因而猎豹、人和语境本身的概念都只是各自的原型。然而，当把"猎豹比人跑得快"这一语句变换成"猎豹总比人跑得快"时，则提供了一种最大的语境，这种语境不仅包括一般性语境，还包括其他特殊语境。在这种最大的语境中，一般性语境、其他各种特殊语境中的猎豹、人和这种最大的语境本身一起构成了该语境的全部对象要素。全部对象要素的概念不仅包括各自的原型，也包括各种范例。只有这些对象要素的范例被启动后，才能够对语句"猎豹总比人跑得快"做出否定性判断，即只有在某些特殊语境中发现猎豹的某些范例比人（原型或范例）跑得慢时，才能对该语句做出有效判断。

从上述案例分析可以看出，当某个概念拥有原型和范例等多种概念类型时，究竟哪些概念类型会被启动是由具体语境决定的，而不是跨语境默认启动某些或全部概念知识。

2. 语境决定同一概念中的哪些概念属性被启动

根据语境-语义启动效应，猎豹案例中"猎豹比人跑得快"这一语句所提供的一般性语境不仅启动了猎豹等对象要素的原型，还启动了猎豹原型概念中"长有四条腿"和"奔跑速度很快"等相关属性。然而，当把语句"猎豹比人跑得快"变换成"猎豹把猎物叼到了树上"时，后者所提供的语境在启动猎豹等对象要素原型概念的同时，还启动了该原型概念中诸如"猎豹长有锋利的爪子和牙齿"和"猎豹会爬树"等相关属性。由此可见，当某种语境启动不同概念类型时，被启动的概念类型中究竟哪些属性被启动也是由语境决定的。因而，不仅同一概念中的不同概念类型不会跨语境被默认启动，而且同一概念类型中的不同属性也不会跨语境被默认启动。

3. 语境还可以决定概念本身是否被启动

上述两个方面的分析表明，语境在概念的启动过程中发挥着决定性的作用，即在不同的认知任务下，究竟哪些概念类型或某种概念类型中哪些属性被启动是由具体的语境决定的。然而，语境的功能不限于此，它还可以决定概念本身是否被启动或者某语句本身的意义。比如，当听到语句"我不想做一只羊"时，一般人都会表现得很茫然，甚至第一时间会用"羊怎么了"等语句回应，这表明该语句并没有启动羊的任何概念,或者说该语句本身并没有意义。但是当听到语句"我不想做一只羊,也不想做一匹狼"时,一般人都能及时理解该语句是要对羊和狼这两种动物的性格进行对比以及说话者在这两种性格中的取向。从这个例子可以看出,简单语句"我不想做一只羊"和"我不想做一匹狼"都不能单独提供一个有效语境,因而两个简单语句以及其中的关键概念"羊"和"狼"都没有意义。相反,只有当这两个简单语句放到一起时才能提供一个由其关键概念"羊"和"狼"及其相互关系构成的有效语境,此时该复合语句、构成该复合语句的两个简单语句以及各自包含的关键概念才真正有了意义。

4. 只有语境启动原则才能真正确保认知效率

冯·丹茨格等人认为,现实世界中各种物体、事件、情景及其相互关系的不断重现使认知主体得以通过抽象律则形成一个严密的多层级概念体系,以此对其进行表征。这种复杂的概念体系进而使认知主体在特定认知过程中得以选择与当前语境最相关的概念,并知晓特定语境下有望出现哪些概念,以及在何种语境中搜寻特定的概念并与之互动,即这种概念表征体系使认知主体能够以一种敏锐而有效的方式与环境互动[①]。很显然,麦歇瑞主张的概念知识默认使用原则并不能让认知主体敏锐而快速地启动相关概念知识来完成特定的认知任务。相反,概念知识的这种使用方式会因为缺乏针对性而变得没有效率。

第三节 其他概念刻画评析

麦歇瑞为了对其 C 概念刻画进行辩护,相继对其他多种概念刻画进行分析。本书将基于麦歇瑞的这些分析进一步讨论概念的各种心理学刻画和哲学刻画。

---

① VAN DANTZIG S, RAFFONE A, HOMMEL B. Acquiring contextualized concepts: A connectionist approach [J]. Cognitive Sciences, 2011 (35): 1162-1189.

一、作为临时知识体的概念

巴沙劳认为，作为一种临时建构，概念源于长时记忆中特定范畴的表征这种更大的知识体，其存在于工作记忆并随着语境的变化而变化[①]。针对巴沙劳的这种刻画，麦歇瑞认为，C 概念刻画也同样承诺概念会随着语境的变化而变化，因而从这方面看，两种概念刻画是一致的，而且这种一致性可以从两个方面表现出来：一方面，认知主体在某些语境下也会检索除概念知识之外的背景知识；另一方面，认知主体可以通过两个步骤使被检索的概念与当前语境相匹配，即首先从长时记忆中检索出某概念的整个知识体，再从中选出与当前语境匹配的部分[②]。然而，这两种刻画所承诺的概念虽然都会随着语境的变化而变化，但并不能混为一谈。首先，根据语境启动原则，语境不仅能够决定特定概念中哪些概念类型或者同一概念类型中的哪些属性被启动，甚至可以决定整个概念是否被启动，因而语境所区隔的对象根本不是默认使用原则所承诺的概念知识与背景知识，而是不同的概念类型以及同一概念类型所拥有的不同属性等。其次，根据语境启动原则，由于语境启动效应所依据的是不同概念之间的时空联系或不同概念所拥有的相似属性，以及特定的神经功能系统，因而在进行概念检索时具有极大的能动性，并不需要分成两个步骤进行盲目地检索。另外，由于巴沙劳对概念的临时知识体刻画完全遵循语境启动原则，相反，C 概念刻画则完全不支持语境启动原则，因而麦歇瑞认为的两种概念刻画在语境方面存在的一致性实际上不存在，况且其试图通过 C 概念刻画中的默认使用原则将概念知识和背景知识区分开也没有实现的可能。

麦歇瑞在强调这两种概念刻画存在一致性的同时还认为，二者的真正差异在于彼此所承诺的概念跨语境变化的程度不同，即在 C 概念刻画之下相关认知任务所涉及的概念变化很小，而作为临时知识体的概念则变化很大。为了支持 C 概念刻画并反驳临时知识体刻画，麦歇瑞认为：①巴沙劳在证明概念跨语境变化的实验中所使用的是特设性范畴（如旅行箱中的物品等），而这些范畴本身就不具有稳定的概念；②巴沙劳在证明关于鸟的概念会跨语境变化时的受试来自于不同的

[①] MACHERY E. Doing without Concepts [M]. Oxford：Oxford University Press，2009：21.
[②] MACHERY E. Doing without Concepts [M]. Oxford：Oxford University Press，2009：22.

文化背景①，但这种文化背景差异本身会导致受试拥有不同的鸟类概念，因而与语境无关；③巴沙劳的属性列举实验表明，在不同场景（两次实验前后间隔两周时间）下相同受试所列出同一范畴的属性重叠率为66%，这种重叠率正好与C概念刻画的一致，即概念跨语境变化很小②。

上述三项反驳理由中，第一和第二项本身能够成立，而第三项则比较琐碎，因为巴沙劳认为66%的重叠率说明概念跨语境变化很大，而如何对66%的重叠率进行定性评价，双方都无法提供客观标准。然而从总体上看，上述全部论证都是没有意义的，因为两种概念刻画之间并不是量的差异，其中临时知识体概念强调的是哪些类型的概念或者哪些概念属性，甚至是整个概念是否会启动而进入工作记忆，而C概念刻画中的默认使用原则强调的是背景知识是否会进入工作记忆，两者之间存在根本性的差异。

二、作为受意识控制的概念

普林茨（J. J. Prinz）认为，概念作为一种表征应该能有意识地检索和使用③。丹尼特（D. Dennett）认为，概念作为一种表征不仅应该能够被有意识地检索和使用，还应该能够被有意识地思考而作为二阶思考的对象④。麦歇瑞认为，并不是所有的概念知识都符合普林茨和丹尼特等人的刻画，只有C概念刻画中的部分知识体能被有意识地检索和使用或作为二阶思考的对象，而且阿什贝（F. G. Ashby）等人也认为有些概念知识是无意识获得的，并应用于隐含的认知过程，因而把概念刻画为受意识控制的知识体既不准确也与C概念刻画不符⑤。

然而，麦歇瑞的这种分析仍然存在两个方面的问题。一方面，用C概念刻画作为衡量其他概念刻画的标准是不可取的，因为C概念刻画的核心内容（默认使用原则）本身并不成立；另一方面，所有概念知识甚至其他知识事实上都可以作

---

① 比如，美国人认为知更鸟是最典型的鸟类，而中国人认为天鹅是最典型的鸟类。
② MACHERY E. Doing without Concepts [M]. Oxford：Oxford University Press，2009：22－24.
③ MACHERY E. Doing without Concepts [M]. Oxford：Oxford University Press，2009：25.
④ DENNETT D C. Learning and labeling [J]. Mind & Language，1993（8）：540－548.
⑤ MACHERY E. Doing without Concepts [M]. Oxford：Oxford University Press，2009：25－26.

为二阶思考的对象，即无论什么知识都可以作为认知对象进行二阶思考。同时，即使部分概念知识是无意识的获取并被应用于隐含的认知过程，也不能真正说明这部分概念知识是不受意识控制的，即意识本身可能是一个连续统概念，那些看似无意识的认知过程更可能在一定程度上是有意识的。比如，在路上偶然碰到某个人时并没有意识到对方是熟人，但之后却突然意识到对方是谁。这表明当初的无意识状态并不是真正的无意识，而是某种程度的有意识状态。这种认知现象非常有意义，轻易对某些概念进行二分法切割会导致研究方法上的重大缺陷并最终导致研究结论的根本偏离。

三、作为思想组分的概念

索罗门（K. O. Solomon）等人认为，概念是构成思想的基本要素或建筑单元[①]；福多（J. A. Fodor）等人提出的思想语言假设认为，作为简单心理表征的概念按照相应的规则构成复杂的心理表征，就如文字语言或口头语言中的语词按照一定的语法或句法构成整个语句一样，其中复杂心理表征的内容为简单心理表征的函数。针对索罗门和福多等人提出的思想组分概念刻画，麦歇瑞认为：①除了福多等人的思想语言假说，并没有其他理论对概念在何种意义上构成思想的基本要素进行解释，因而如果思想语言假说本身得不到承诺，那么概念在何种意义上构成思想的基本要素将得不到任何解释；②相对于 C 概念刻画所界定的概念在实验心理学中发挥的中心作用[②]，作为思想组分的概念在实验心理学中几乎发挥不了任何作用，因而 C 概念刻画优先于思想组分刻画；③研究概念合成的心理学家在一定程度上会把概念当作思想的组成部分，从而表明作为思想组分的概念也能在实验心理学中发挥重要作用[③]。比如，"牛津大学毕业生"和"木匠"这两个

---

① SOLOMON K O, MEDIN D L, LYNCH E L. Concepts do more than categorize [J]. Trends in Cognitive Sciences, 1999 (3): 99 – 105.

② 麦歇瑞认为在范畴化和归纳推理等认知过程中所使用的概念为 C 概念刻画所界定的概念。

③ MACHERY E. Doing without Concepts [M]. Oxford: Oxford University Press, 2009: 26 – 28.

概念可以组合成一个新的单一概念——"牛津大学毕业的木匠"①。但实际上，长时记忆中并不存在直接由"牛津大学毕业生"和"木匠"这两个概念合成的复合概念（"牛津大学毕业的木匠"），因而作为思想组分的概念并不能真正在实验心理学中发挥作用。

麦歇瑞的论证并不能为 C 概念刻画的优先地位提供有效辩护。首先，麦歇瑞并没有提出任何质疑甚至反对思想语言假设的理由，因而不能认为概念在何种意义上构成思想的基本要素没有得到有效解释。其次，所谓 C 概念刻画中的概念在实验心理学中发挥中心作用并非事实。C 概念刻画的核心内容（默认使用原则）本身并不成立，概念知识在支持高级认知能力的认知过程中并不是被默认使用的，而是根据不同语境选择性地启动。实际上，麦歇瑞用来支持概念异质性假说的实验研究成果恰恰表明了在范畴化和归纳推理等认知任务中并没有一成不变地使用概念中的全部或某些知识，而是在不同情况下使用了原型概念或范例概念等不同概念类型②。最后，即使墨菲未能成功通过两个简单概念直接合成一个复合概念，也不能证明长时记忆中不会存在与两个简单概念相关的复合概念。比如，虽然"牛津大学毕业生"和"木匠"这两个简单概念不能直接合成"牛津大学毕业的木匠"这个复合概念，但长时记忆中仍然可以存在"牛津大学毕业的木匠"这个概念。再比如，虽然不能通过叠加氯和钠的属性而得到氯化钠的概念，但仍可以通过学习获得氯化钠的概念。总的看来，麦歇瑞未能也不可能有效论证 C 概念刻画相对于思想组分刻画的优先地位，因为 C 概念刻画中所包含的默认使用原则本身就不成立。

四、作为范畴化工具的概念

普林茨等人认为，"概念"一词被用于指称范畴成员得以识别的表征结构（或内涵），即概念被用于对范畴成员进行范畴化，是对范畴成员进行范畴化的工

---

① MURPHY G L. The Big Book of Concepts [M]. Cambridge, Mass/London, England：The MIT Press, 2002：12.

② MACHERY E. Doing without Concepts [M]. Oxford：Oxford University Press, 2009：6 – 7.

具①。麦歇瑞认为，一方面，这种刻画比较片面，容易忽视概念在其他认知能力（如归纳推理）中所发挥的作用。同时，如果对概念认知功能的研究仅仅集中于范畴化，可能会形成错误的概念认识。另一方面，这种刻画并没有试图否定 C 概念刻画，因而两者存在一致性。但由于 C 概念刻画承诺概念在其他认知能力中的功能，因而 C 概念刻画具有更加优越的地位②。

尽管把概念仅仅刻画为范畴化工具确实有些偏颇，但这种刻画与 C 概念刻画却不存在一致性。因为前者是对概念认知功能的刻画，而后者主要刻画概念发挥其认知功能的方式（默认使用原则）。另外，也不能因为 C 概念刻画承诺更多的认知功能而拥有更优越的地位。相反，由于前者对概念的刻画只是不够全面，而后者对概念的刻画却存在根本错误（默认使用原则不成立），因而前者更应该优于后者。

五、哲学中的概念刻画

麦歇瑞认为，在现代心灵哲学和心理学哲学中，拥有某特定对象的概念即为拥有关于该特定对象的一系列命题态度，而这些命题态度使该特定对象得以成为其自身。根据这种哲学刻画，如果认知主体未能拥有关于某特定对象的各种信念、欲望等命题态度，则不拥有该特定对象的概念。相反，如果认知主体拥有关于该特定对象的各种信念、欲望等命题态度，那么他便拥有了该特定对象的概念。然而，如果认知主体未能拥有关于该特定对象的各种知识，则不可能会对其拥有命题态度，即使拥有关于该特定对象的命题态度也没有实际意义，因而认知主体拥有关于特定对象的相关知识是其拥有关于其相关命题态度的基础，即认知主体如果没有关于特定对象在心理学意义上的概念，那么也不可能拥有其在哲学意义上的概念。本书限于在认知心理学意义上讨论概念异质性假说，哲学意义上的概念不再深入讨论。

前述五种概念刻画和 C 概念刻画分别从心理学和哲学两个层面提供了概念研

---

① PRINZ J J. Furnishing the Mind：Concepts and Their Perceptual Basis ［M］. Cambridge，MA，US：MIT Press，2002：9.

② MACHERY E. Doing without Concepts ［M］. Oxford：Oxford University Press，2009：28 - 29.

究的视角，其中心理学层面的刻画更为基础也更为多元，包括对概念的形而上刻画、功能刻画及其与意识关系的刻画等方面。另外，由于有些刻画之间存在相互补充关系，也有些刻画之间存在明显冲突，但每一种刻画本身都不尽完善，因而均有待进一步研究。

第二章
概念一元论与多元论

  概念异质性假说的第一条原则认为，有可靠证据表明认知主体拥有多种关于同一范畴的不同概念。同时，概念异质性假说的第二条原则（概念异质性原则）认为，虽然这些概念类型拥有共同的指称，却并不拥有共同的属性，属于异质性概念类型（对应于概念异质性假说的第四条原则——过程异质性原则）[1]。概念作为一种心理实体，概念心理学中关于其内部结构的各种一元论及多元论学说与概念异质性假说构成直接竞争关系。麦歇瑞对其主要竞争理论进行了逐一反驳，本章亦将逐一讨论其对经典一元论、域多元论、认知能力多元论以及混合概念理论的反驳论证。

---

[1] MACHERY E. Doing without Concepts [M]. Oxford：Oxford University Press，2009：4.

第一节　经典一元论反驳论证检视

经典一元论在概念异质性假说出现以前一直处于概念心理学领域的支配地位。该理论认为同一范畴只有一种概念，而且作为一种心理范畴概念拥有诸多共同属性。这与概念异质性假说的第一、第二条原则存在明显分歧。

一、经典一元论

由于概念一元论在概念心理学领域一直处于支配地位而被广泛接受，同时也被普林茨和丹克斯（D. Danks）等诸多心理学哲学家明确承诺，其又被称为经典一元论或经典概念一元论[①]。经典一元论的支持者认为：一方面，每一种物理对象、事件及物质的一般范畴只有一种单一的概念表征，而这些概念表征又构成一种同质性的心理学范畴。这种主张与概念异质性假说的第一条原则直接对立，后者认为同一范畴拥有多种不同类型的概念。另一方面，概念心理学理论应该阐明全部或大部分概念所拥有的一般属性，包括其形成过程、所包含的知识类型、存在格式、如何被认知过程应用以及脑区定位等，因而"概念"是心理学中的重要理论术语[②]。

二、反稻草人论证

麦歇瑞指出，虽然经典一元论在概念心理学领域被普遍接受是不争的事实，但仍有人会认为确立经典一元论在概念心理学的支配地位只不过是为了树立一个"稻草人"，因为绝大多数心理学家都明确承诺不同概念之间的多样性[③]。

[①] PRINZ J J. Furnishing the Mind：Concepts and Their Perceptual Basis [M]. Cambridge, MA，US：MIT Press，2002：3.

[②③] MACHERY E. Doing without Concepts [M]. Oxford：Oxford University Press，2009：53.

对此，麦歇瑞并不认同。第一，虽然马丁等人认为心理学家们在寻求不同概念的一般属性时，并未足够重视那些具有重要科学意义的概念之间的差异，但马丁等人强调不同概念之间的差异的同时，也并未否认不同概念类型之间存在共同的一般属性，而且任何正确的概念理论都应该刻画这些一般属性。因而他们希望心理学家们既要研究不同概念类型之间的一般属性，也要研究它们之间的重要差异。比如，马丁等人认为，概念类似于生物类，所有生物都共同拥有一些相同的属性，但其中有些属性只归属于哺乳动物或者灵长类动物，甚至仅仅归属于人类。同样，有时候需要把所有概念都当成拥有某些共同属性的同一个较大范畴，但有时候又需要把它们区分成拥有更多共同属性的较小范畴。因此马丁等人实际上是承诺经典一元论的。第二，很多心理学家专门研究概念之间的差异[1]和不同概念类型之间的差异[2]，但这并不意味着他们会承诺概念之间的异质性，即全部概念或大多数概念之间并没有共同的属性。相反，他们都期待寻求超越这些差异的科学意义上的共同属性。第三，即使某些心理学家明确声称其概念理论只适用于三维物理实体，而不适用于事件及物质等领域[3]，但仍不清楚他们究竟是承诺不同三维物理实体概念之间的异质性，还是承诺三维物理实体、事件及物质等不同域概念之间的异质性。第四，即使有些心理学家认为不同物理实体、事件和物质等不同域的概念之间没有共同属性，其理论也不同于概念异质性假说，因为后者认为对于某种特定范畴，人们一般拥有多种没有共同属性的异质性概念。因而，如果承诺概念异质性假说，那么就不应该认为三维物理实体等同域的不同概念之间拥有科学意义上的共同属性。第五，麦歇瑞认为，概念理论不同范式的支持者都声称自己的理论才是唯一正确的概念理论，因而所有范式的支持者实际上都是一元论者。

据此，麦歇瑞认为，承认经典一元论在概念心理学中的支配地位或认为绝大

---

[1] CAREY S E, JOHNSON S C. Metarepresentations and conceptual change: Evidence from Williams syndrome [C] // SPERBER D. Metarepresentation: A Multidisciplinary Perspective. New York: Oxford University Press, 2000: 225 – 264.

[2] GELMAN S A, MARKMAN E. Young children's inductions from natural kinds: The role of categories and appearances [J]. Child Development, 1987 (58): 1532 – 1541.

[3] KOMATSU L K. Recent views of conceptual structure [J]. Psychological Bulletin, 1992 (112): 501.

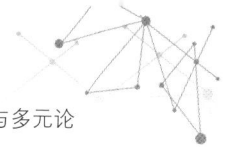

多数心理学家都承诺经典概念一元论并非树立一个反驳的靶子,而是陈述一种事实。

另外,麦歇瑞还认为,由于不同概念理论都声称能够解释全部相关实验现象,因而,如果承诺一元论则意味着很难解决这种实验中存在的经验分歧。但如果抛弃一元论而承诺异质性假说则可以很好地解决这种经验分歧,支持一种理论范式的证据不必要构成反对另一种理论范式的证据,一种概念理论的成立也不意味着另一种概念理论一定不成立。比如,概念原型说与范例说可以同时成立,不必要构成非此即彼的完全竞争关系。

三、对反驳经典一元论论证的剖析

上述对经典一元论的反驳论证存在以下几个方面的问题。首先,麦歇瑞在论证绝大多数心理学家都承诺经典一元论时,与其说他在反对一种"稻草人",不如说他在树立另一种"稻草人"。他通过论证绝大多数心理学家承诺经典一元论代替了对经典一元论的反驳论证。从实际论证效果来看,其在反稻草人论证的同时实际上又树立了另一种"稻草人"。其次,麦歇瑞在对经典一元论的反驳论证过程中,始终认为概念一元论和多元论是完全对立的,然而这并非事实。比如,马丁等人认为,概念与生物类类似,全部概念可以构成一种自然类范畴,同时,不同的概念类型也可以构成多种次级自然类范畴,本书第五章正好论证了这一点。最后,麦歇瑞的经典一元论反驳论证还存在以下三方面的方法论错误:①整个论证过程并没有提供实质有效的证据和理由,而是通过预设概念异质性假说成立来反驳经典一元论。这种预设前提的论证方式构成第一种方法论错误。②原型、范例和理论并不真的构成三种异质性的概念类型[1]。即便其关于知识类型和认知过程这两项标准的论证比较充分[2],但据此就得出否定性结论,认为原型、范例和理论之间没有基于某些因果机制的、具有科学意义或认知意义的共同属性

---

[1] 本书第三章和第五章的讨论表明:不同的概念类型,特别是本书重新确立的三种基本概念类型(范例、原型和定义)之间的异质性并没有那么强,它们共同拥有基于其形成机制的基本认知功能。

[2] 麦歇瑞认为原型、范例和理论分别指向不同类型的知识体,并被应用于不同的认知过程。参见 MACHERY E. Doing without Concepts [M]. Oxford: Oxford University Press, 2009: 118-119。

仍然是不严肃的，因为麦歇瑞本人也承认对概念心理学很多相关领域的研究并未开展或未得出公认的结论。因而这种把没有发现等同于不存在的论证方式构成第二种方法论错误。③即使概念原型说和范例说等不同学说同时成立，但麦歇瑞试图通过同时承诺多种不同概念理论而消除相关经验分歧的方式也是不严肃的，因为这种方式没有坚实的基础。这种不加论证而同时承诺多种彼此竞争的理论以消除自身理论分歧的方式构成第三种方法论错误。

事实上，本书的后续讨论表明概念异质性假说本身并不成立①，因而麦歇瑞试图主要通过预设概念异质性假说成立继而反驳其他概念理论的论证方式明显不具备说服力。

第二节 域多元论反驳论证检视

除了经典一元论与概念异质性假说形成完全直接竞争关系外（经典一元论与概念异质性假说承诺的概念多元论形成直接对立关系），其他相关多元论概念理论也与其形成部分竞争关系，如域多元论和认知能力多元论等。

一、域多元论

域多元论认为，一方面，不同的实体（如人造物和生物类，事件、物质和三维物理实体等）都拥有不同类型的概念；另一方面，这些不同的概念类型没有共同的属性。科马索（L. K. Komatsu）认为，不同类型的术语（包括自然类术语和人造物术语等）与不同类型的心理表征相关联，编码不同类型的信息，通过不同方式得以形成（如发现或约定），并以不同的方式被使用（即被应用于不同的认知过程）。比如，由于生物类和人造物分别属于两种没有共同属性的域，因而

---

① 虽然概念异质性假说的很多论证与结论具有较为积极的意义甚至不乏洞见，但仍不足以支持整个理论体系。

"狗"和"桌子"这两种概念也没有共同的属性①。又如皮奇尼尼（G. Piccinini）和斯科特（S. Scott）所认为，某些实体（如抽象实体）由基于非相似性的概念来表征，而其他一些实体（如三维物理实体）则通过基于相似性的概念来表征②。

二、麦歇瑞对域多元论的反驳

针对皮奇尼尼和斯科特所主张的域多元概念理论，麦歇瑞认为，很多实体都可以同时拥有多种基于相似性的表征（如原型和范例），以及基于非相似性的表征（如理论和定义）③。另外，麦歇瑞指出，绝大多数事件、物质和三维物理实体等范畴都同时拥有多种不同类型的异质性概念。例如，狗这一范畴同时拥有"狗A""狗B"和"狗C"等多种概念，这些概念分别包含关于狗这一范畴的不同知识体。它们彼此之间没有心理学或认知科学意义上的共同属性，而且分别被应用于支撑同一种认知能力（如范畴化）的不同认知过程，因而彼此构成异质性的不同概念类型。

然而，麦歇瑞对域多元论的反驳存在以下三个方面的问题：①理论并不能构成一种独立的概念类型，更不能构成一种基本概念类型，但他在反驳域多元论时却认为同一实体范畴可以拥有包括理论在内的多种基于非相似性的概念表征。②麦歇瑞认为，定义不具备生态有效性，即现实世界中，人们并不会通过定义习得概念，因而定义并不能与原型、范例和理论一样构成一种基本概念类型，甚至不能构成一种有效的概念。然而他在反驳域多元论时却认为同一实体范畴可以拥有包括定义在内的多种基于非相似性的概念表征，这表明他已经承诺定义构成一种独立的概念类型（即使没有明确承诺定义构成一种基本概念类型）。③基于原型和范例等的认知过程并不构成支撑同一种认知能力的异质性认知过程，而是构成支撑两种异质性认知能力的异质性认知过程。比如，基于原型和范例的范畴化过程虽然构成两种异质性的认知过程，但这两种异质性的范畴化过程并不支撑同一

---

① KOMATSU L K. Recent views of conceptual structure [J]. Psychological Bulletin, 1992 (112): 513.

② PICCININI G, SCOTT S. Splitting concepts [J]. Philosophy of Science, 2006 (73): 390 – 409.

③ MACHERY E. Doing without Concepts [M]. Oxford: Oxford University Press, 2009: 58.

种范畴化能力,而是支撑两种不同的异质性范畴化能力。因此,虽然域多元论认为不同域(或范畴)拥有不同类型的异质性概念的设定不能完全成立,但概念异质性假说认为的不同异质性概念被用于支撑同一认知能力的不同认知过程的设定也不能完全成立。④即使不同的域(或范畴)拥有不同类型的概念,这些不同类型的概念也并不构成没有共同属性的异质性概念。相反,不同域(或范畴)的概念不仅拥有相同的认知功能,而且还拥有相同或相似的内部结构。概念异质性假说和域多元论在这方面是一致的,都不能成立,而麦歇瑞也没有从这一角度对域多元论提出反驳。

第三节 认知能力多元论反驳论证检视

与域多元论不同,认知能力多元论认为不同的认知能力涉及不同的概念。虽然概念异质性假说也承诺多元论,但与认知能力多元论仍然构成互不相容的竞争关系。

一、认知能力多元论

支持认知能力多元论的概念心理学家一般认为:一方面,不同的认知能力涉及不同类型的概念,或者说同一范畴的不同概念支撑不同的认知能力,比如范畴化过程中用到的"狗"与归纳推理中用到的"狗"构成狗的两种不同概念;另一方面,这些不同的概念类型没有共同的属性。支持认知能力多元论的心理学家包括皮奇尼尼、斯科特和科马索等人。其中,皮奇尼尼等人认为,认知能力有两种类型,一些认知能力(如对语词组合的理解)涉及语言,而另一些认知能力(如知觉识别能力)则不涉及语言,而且这两种不同类型的认知能力所应用的概念也构成不同的类型①。另外,科马索认为,每种三维物理实体都可以有不同的表征

---

① PICCININI G, SCOTT S. Splitting concepts [J]. Philosophy of Science, 2006 (73): 390-409.

方式，而每一种表征方式都涉及范畴化、演绎推理和相似性判断等不同的认知任务[①]。

二、麦歇瑞对认知能力多元论的反驳

针对皮奇尼尼等人主张的认知能力多元概念理论，麦歇瑞认为，应用于语言性（与语言相关）认知能力的词汇化概念（用特定术语标记的概念）和应用于非语言性认知能力的非词汇化概念拥有诸多相似的属性[②]。比如，罗施（E. Rosch）和默维斯（C. B. Mervis）的研究表明，当将知更鸟和企鹅等鸟类用"知更鸟"和"企鹅"等语词形式和图片形式呈现给受试时，受试均能对知更鸟这种更典型的对象进行更加快速和准确的范畴化，词汇化的概念与非词汇化的概念都存在典型性效应，或者说语言性认知能力和非语言性认知能力都涉及同一种概念——原型。同时，在概念学习过程中，词汇化概念和非词汇化概念也都存在典型性效应。因此，皮奇尼尼等人所主张的语言性认知任务和非语言性认知任务分别使用不同类型概念的观点并不成立，他们所辩护的认知能力多元论概念理论是失败的。

另外，麦歇瑞认为，概念并不会跨认知能力而变化。比如，人们可以同时用狗的三种概念"狗 A""狗 B"和"狗 C"支撑范畴化、归纳推理或演绎推理等同一种认知能力，因而，不同的概念类型（特别是基本概念类型）不是分别支撑不同的认知能力，而是分别应用于支撑同一种认知能力的不同认知过程。

然而，麦歇瑞的反驳并非真正有效。一方面，认知能力多元论认为不同的认知能力涉及不同类型的概念，而罗施和默维斯的研究却表明不同类型的概念可以被应用于同一种认知能力，因而，只有证明不同的认知能力涉及同一种概念，才能真正构成对认知能力多元论的反驳。另一方面，基于原型和范例等的范畴化之类的认知过程并不构成支撑同一种认知能力的两种异质性认知过程，而是构成支撑两种异质性认知能力的两种异质性认知过程。因此，虽然认知能力多元论认为

---

① KOMATSU L K. Recent views of conceptual structure [J]. Psychological Bulletin, 1992 (112): 501.
② MACHERY E. Doing without Concepts [M]. Oxford: Oxford University Press, 2009: 58-60.

不同的认知能力涉及不同类型的异质性概念不能成立，但概念异质性假说认为不同的异质性概念被用于支撑同一认知能力的不同认知过程也不成立。

第四节　混合概念理论反驳论证检视

麦歇瑞认为，混合概念理论是与概念异质性假说最相似也是最容易混淆的竞争理论。虽然本书基于前者的第三、第四条原则（联系性原则和协调性原则）支持后者并反对前者，但麦歇瑞对前者的反驳论证并不成立。

一、混合概念理论

20世纪70年代末80年代初产生的混合概念理论有多种形式，其核心理念包括四条原则：①概念可以被分割成不同的组成部分；②每个部分贮存着不同类型的知识（如关于对象范畴典型性属性的知识和因果知识等）；③不同的组成部分之间存在必然的联系，当某个部分被应用于某种认知能力（或被应用于完成某种认知任务）时，其他组成部分就能够理所当然地被应用于其他认知能力（或被应用于完成其他某种认知任务），即联系性原则；④不同的组成部分之间彼此相互协调，当不同的组成部分同时支撑某一种认知能力或任务时，不会产生相互冲突的认知输出，即协调性原则。比如，如果狗的原型概念和范例概念构成概念狗的两个组成部分，那么基于狗的原型和范例对某特定对象进行范畴化时，则不会产生相互矛盾的范畴化判断。

就混合概念理论的第四条原则（协调性原则）而言，麦歇瑞认为，混合概念理论之所以主张基于不同概念部分的认知过程不会产生认知冲突，源于以下三种情景：首先，不同的认知能力涉及同一概念的不同组成部分，如范畴化可能涉及某概念的 P_1 部分，而归纳推理则涉及其 P_2 部分。其次，当某种特定的认知能力涉及某个概念的多个组成部分时，这些不同的组成部分被应用于同一认知过程。比如，当范畴化涉及某概念的 P_1 和 P_2 两个部分时，P_1 和 P_2 即被同时应用于某个单一的范畴化过程。最后，当某个概念的不同组成部分被应用于支撑同一认知能力的不同认知过程时，其中的某一个组成部分会充当这些认知过程产生认知冲突时的评判标准。比如，当某概念的 P_1 和 P_2 两个部分被应用于两种支撑范畴化的不同过程时，如果这两种范畴化过程产生不同的范畴化判断，那么其中一种范畴化过程被认为能提供正确的范畴化判断[①]。

奥舍尔逊（D. N. Osherson）、史密斯等人认为，概念由定义和原型两部分构成，其中定义构成概念的核心部分，而原型则被应用于识别过程。比如，人们在完成范畴化任务时会用到定义和原型两个部分，即基于定义和原型的两种不同范畴化过程共同参与完成整个范畴化任务。其中，基于原型的范畴化过程可以快速识别特定对象是否属于某特定的范畴，不过基于原型的范畴化过程虽然可靠却不是最终有效的。如果需要最后确认特定对象的范畴成员身份，则必须用到基于定义的范畴化过程。基于原型的范畴化过程如果与基于定义的范畴化过程产生冲突并做出相互矛盾的范畴化判断，那么后者就会优于前者而胜出，并在整个范畴化任务的最后裁决中充当终极决策的角色。其他认知任务如果涉及同一概念的不同组成部分，也会存在基于某一概念部分的认知过程充当终极裁决者的角色的情况，因而在完成整个范畴化等任务过程中不会产生认知冲突。同时，奥舍尔逊和史密斯也认为，某些认知能力可能只涉及概念的定义部分或原型部分，特别是有些认知能力只需要排他性地应用到定义部分时。比如，在合成"宠物鱼"这一复合概念时，就只需要用到"宠物"和"鱼"的定义，而不需要用到原型等其他概念部分[②]。

洛索夫斯奇（R. M. Nosofsky）等人提出的律则-范例模型（RULEX）认为[③]，概念由律则和范例两个部分构成，其中律则相当于定义，范畴化等认知过程同时涉及概念的律则和范例两个部分。比如，当对某特定对象进行范畴化并将其归属于 A 范畴或 B 范畴时，人们首先使用律则对 A 范畴和 B 范畴的大部分成员进行区分，然后逐一核实该特定对象是否属于律则之外的例外情况，即按律则并不能确

[①] MACHERY E. Doing without Concepts [M]. Oxford：Oxford University Press，2009：64.

[②] MACHERY E. Doing without Concepts [M]. Oxford：Oxford University Press，2009：60 – 61.

[③] NOSOFSKY R M，PALMERI T J，MCKINLEY S C. Rule – plus – exception model of classification learning [J]. Psychological Review，1994（1）：53 – 79.

定其究竟属于 A 范畴还是 B 范畴时,再与属于 A 或 B 范畴的个别范例进行对比,如果与 A 范畴或 B 范畴的个别范例不匹配,则可归属于 B 范畴或 A 范畴。该理论模型如图 2-1 所示。

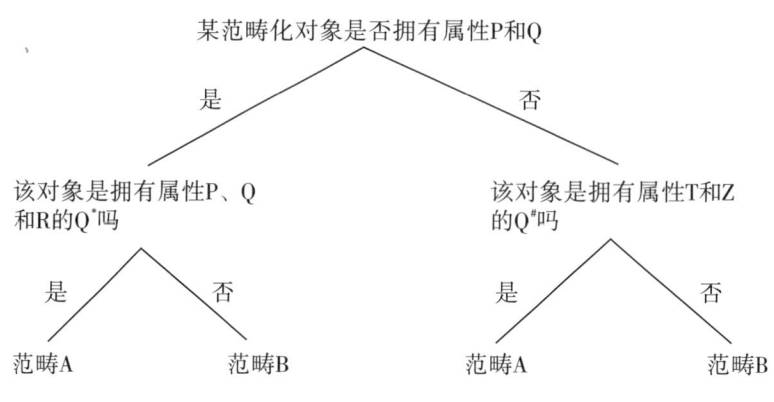

图 2-1 基于律则和范例的范畴化过程①

二、混合概念理论与概念异质性假说的差异

作为与概念异质性假说最相似的概念理论,麦歇瑞认为,在混合概念理论的第一和第二条原则方面两者并没有什么不同,真正将两者区分开的是第三和第四条原则,即两者在联系性原则和协调性原则方面存在显著差异②。

首先,就联系性原则而言,混合概念理论认为同一概念的不同组成部分之间存在必然的联系,当某个部分被应用于某种认知能力(或被应用于完成某种认知任务)时,其他组成部分就必然能够被应用于其他认知能力(或被应用于完成其他某种认知任务)。比如,根据奥舍尔逊和史密斯的混合概念理论,当某概念 x 的定义被应用于范畴化过程时,其原型必然能够被应用于支撑其他认知能力的认知过程,反之亦然。然而,概念异质性假说认为,当特定概念的某一部分被应用于某种认知能力时,其他部分常常但不必然能够被应用于其他某种认知能力。比如,当某概念 x 的定义被应用于范畴化过程时,其原型往往但不必然能够被应用

---

① MACHERY E. Doing without Concepts [M]. Oxford: Oxford University Press, 2009: 66.
② MACHERY E. Doing without Concepts [M]. Oxford: Oxford University Press, 2009: 67-68.

于支撑其他认知能力的认知过程,反之亦然。

其次,就协调性原则而言,混合概念理论认为基于同一概念各组成部分的不同认知过程在支撑同一认知能力时不会产生冲突,因为基于其中某一个部分的认知过程会充当解决冲突的最后标准。比如,当某概念 x 的定义和原型同时被应用于范畴化过程时,如果两种范畴化过程产生的输出不一致或相互矛盾,基于定义的范畴化过程就会胜过基于原型的范畴化过程而做出最后的范畴化判断。然而,概念异质性假说认为,基于同一概念的不同部分,支撑同一认知能力的不同认知过程之间会产生冲突,且不存在充当最后裁决标准的认知过程。比如,当某概念 x 的原型和范例同时应用于范畴化过程时,基于这两种概念的范畴化过程偶尔会产生相互矛盾的范畴化输出,但这两种范畴化过程中的任何一种都不会超越另一种而构成最后的裁决标准,以此解决相应的认知冲突。

三、麦歇瑞反驳混合概念理论协调性原则的第一个论证

麦歇瑞反驳混合概念理论协调性原则的第一个论证是,水的有效化学成分是水分子,当且仅当一种液体的化学成分是水分子时才能被判定为水,即"由水分子构成的液体"构成水概念中的定义,同时人们也相信一种水分子含量更高的液体更应该被判定为水[①]。另据其他研究,人们一般根据化学成分、来源、当前位置和用途四个维度来判定一种液体是否被称作水,即化学成分、来源、当前位置和用途四个维度构成水概念的原型。根据奥舍尔逊和史密斯的混合概念理论,特定范畴的概念由定义和原型两个部分组成,基于原型和定义的认知过程如果产生冲突,那么定义将作为最后的正确性标准,或者说,基于定义的认知过程将产生最终的认知输出。就水的概念而言,如果原型和定义确实构成其两个组成部分,那么某种液体是否被判定为水最终将根据其所含水分子的比例而定。或者说,如果某种水分子含量较低的液体被称作水,那么另一种水分子含量更高的液体则更应该被称作水。然而,马尔特(B. C. Malt)的实验结果却表明,有些不被称作水的液体(如咖啡、茶和眼泪等)往往比那些被称作水的液体(如湖水、海水和沼泽水等)含有更多真正的水(水分子)。因此,麦歇瑞认为混合概念理论所主张

---

① MACHERY E. Doing without Concepts [M]. Oxford: Oxford University Press, 2009: 68 – 71.

的协调性原则并不成立，即基于不同概念部分的认知过程中，并不存在某种充当最后裁决者的认知过程来协调或避免不同认知过程可能产生的认知冲突。

针对麦歇瑞的反驳，艾伯特（B. Abbott）解释说，那些真正含水量比较高的液体（如咖啡、茶）不被叫作水，只是出于实用等方面的考虑（如为了区分咖啡与其他饮品等），并不真正意味着受试缺乏相应的常识[①]。对此，麦歇瑞进一步认为，艾伯特的解释论证是不合适的，因为当被问到沛绿雅（一种法国矿泉水）是不是水的时候，人们更倾向于做出肯定的回答，而当被问到冰咖啡是不是水的时候，人们更倾向于做出否定的回答。

然而，麦歇瑞反驳混合概念理论协调性原则的第一个论证存在多个方面的不足。

首先，他认为人们会依据水的原型概念对某些液体进行范畴化判断，但他并没有说明水的原型一般包括哪些属性，因而不存在一个明确的范畴化依据。虽然他也认为人们一般会根据化学成分、来源、当前位置和用途四个维度来判断一种液体是不是水，但第一个维度（化学成分）很明显不属于原型的知识范畴，因而把这四个维度一起作为水的原型并不合适。如果真能把这四个维度作为范畴化判断的依据，那也只能说明作为定义的化学成分才是范畴化判断的真正决定因素，而这恰好是混合概念理论的核心观点。

其次，当艾伯特认为受试出于实用方面的考虑不把咖啡等实际含水量更高的液体叫作水时，这实际上已经说明了一种液体中水分子的比例并不是其是否被叫作水的唯一决定因素，而麦歇瑞在明确承认这种观点的情况下，仍然用了沛绿雅矿泉水和冰咖啡的例子来反驳艾伯特。事实上，不管艾伯特的具体解释是否合理，麦歇瑞的反驳都是无效和没有必要的，因为他已经承认了前者要论证的根本观点，即一种液体的真正含水比例并不是其是否被叫作水的唯一决定因素。他所采用的反例不仅达不到支持自身观点的目的，反而说明他的论证存在更基本的逻辑问题，即他认为一种液体是否被叫作水只能有一种解释。实际情况可能是，不同的液体是否被叫作水存在多种情况，没有必要也不应该强行用一种液体是否被叫作水的条件，来解释另一种液体是否被叫作水。更具体地说，人们不把沛绿雅

[①] ABBOTT B. A note on the nature of water [J]. Mind, 1997 (422): 311 – 319; ABBOTT B. Water = H_2O? [J]. Mind, 1999 (429): 145 – 148.

叫作水却知道它是水，表明一种液体的名称与其本身是什么没有必然的联系，就如某人的名字可以叫"大山"，但这并不意味着这个人与山一定存在某种关联。另外，即使人们认为某种水分子含量很高的冰咖啡不是水，也不表明人们不认为水的定义是判定某种液体是不是水的最有效依据。人们之所以认为某种水分子含量很高的冰咖啡不是水，或许是因为人们并不知道这种冰咖啡的水分子含量究竟有多高，又或者只是因为人们的称谓习惯。

再次，作为一种最完美的概念类型，定义在遂行指称、个体化和表征等基本认知功能方面具有其他概念类型无可比拟的优势，因而基于以上基本认知功能的范畴化等认知能力也要给予定义高于其他概念类型的地位。

最后，更重要的是，人们按水分子的含量来对某种液体进行范畴化判断是比较严格意义上的科学行为，因而马尔特和麦歇瑞用非常严谨的科学标准来对人们的日常行为进行评判本身就不严谨。

基于以上分析，即使奥舍尔逊和史密斯等人的混合概念理论对协调性原则的论证并不成立或不够完善，但马尔特和麦歇瑞对混合概念理论中协调性原则的第一种反驳论证本身是无效的。

四、麦歇瑞反驳混合概念理论协调性原则的第二个论证

麦歇瑞反驳混合理论协调性原则的第二个论证认为，根据混合概念理论，诸如"鲸鱼是鱼""张三是祖母"及"西红柿是蔬菜"等命题不可能既可以为真也可以为假[1]。概念异质性假说则可以很好地解释这种歧义或认知冲突，或者说概念异质性假说本身就承诺这种歧义或冲突。因为概念异质性假说第二条原则认为同一范畴拥有多种没有共同属性的异质性概念，同时第四条原则认为这些没有共同属性的异质性概念被应用于支撑同一种认知能力的不同认知过程，而且这些异质性认知过程在独立支撑某种认知能力时可能产生认知冲突。

然而，麦歇瑞提供的这些语言学证据并不能真正构成对混合概念理论的反驳，也不能支持概念异质性假说。

首先，就鲸鱼而言，一方面，鱼这一范畴有原型和定义两种概念，因而依据

---

[1] MACHERY E. Doing without Concepts [M]. Oxford: Oxford University Press, 2009: 71-74.

鱼的原型概念判定"鲸鱼是鱼"为真,同时也可以依据鱼的定义概念而判定其为假,但这可以理解为是不同的语境下所做出的不同判断,前者是日常语境,而后者是科学语境。对比两种不同语境下的不同判断并没有实际意义。另一方面,如果认知主体同时拥有鱼的原型概念和定义概念,那么就不会依据鱼的原型概念做出"鲸鱼是鱼"的判断,这正好表明混合概念理论的主张是合理的,即定义会优于原型充当范畴化的最后标准。

其次,就西红柿而言,其实"西红柿是蔬菜"和"西红柿不是蔬菜"这两种判定并不能同时成立。因为蔬菜这一范畴并不构成严格意义上的自然类范畴,也就是说并不存在某一类植物或菌类一定是蔬菜,某种植物或菌类是否归属于蔬菜这一范畴主要的依据是其可食用性。可食用这一属性是人为定义出来的功能性属性,某种植物或菌类要么具备这一属性,要么不具备这一属性,即不可能既具备又不具备这种属性。更具体地说,西红柿这种植物要么可食用而构成蔬菜的次级范畴,要么不可食用而不构成蔬菜的次级范畴。很显然,西红柿是可食用的,因而西红柿是蔬菜,即"西红柿不是蔬菜"不可能为真。由此可见,关于西红柿等的语言学证据并不能真正支持概念异质性假说而构成对混合概念理论的反驳。

最后,同一范畴的不同概念知识之间应该不存在真正的冲突。因为不同的概念知识只是从不同的角度刻画同一范畴,而这种刻画功能本身要求其具备全面性和准确性。如果各种概念知识之间存在某种形式的冲突,那么就说明某些概念刻画得不够准确,因而应该存在一种或多种内在的认知冲突解决机制,而不是任由这些冲突存在。事实上,缺乏内部协调机制而导致的认知冲突很少甚至不存在。混合概念理论主张通过不同概念的优先级[①]确定最后的认知输出即为一种有效的冲突解决机制。相反,概念异质性假说只是承诺了基于不同概念的认知过程可能产生的认知冲突,但并没有解释为什么会产生冲突,更没有提出解决这些冲突的有效机制。

总的看来,麦歇瑞通过反驳经典一元论、域多元论、认知能力多元论和混合概念理论等多种概念理论来支持概念异质性假说第一和第二条原则的尝试并不成功。首先,其对经典一元论的反驳并没有提出实质论证,只是在预设概念异质性假说成立的前提下对两者进行了区分。其次,麦歇瑞在反驳域多元论时仍然没有

---

① 所谓不同概念的优先级,即定义优于原型等其他概念,充当解决认知冲突的最后标准。

提出真正支持概念异质性假说的有效论证，同样只是在预设其成立的前提下对域多元论和异质性假说进行了区分，但本书后续的讨论却表明概念异质性假说是不成立的。再次，虽然麦歇瑞在反驳认知能力多元论时认为同一种认知能力涉及不同的概念，但这个主张即使成立也不构成对认知能力多元论的有效反驳。因为认知能力多元论主张不同的认知能力涉及不同的概念，因而只有证明不同的认知能力可以涉及同一概念才能真正构成反驳论证。而且本书的后续讨论也表明概念异质性假说所主张的同一种认知能力涉及不同的概念类型并不成立。最后，麦歇瑞在反驳混合概念理论时，一方面认为，联系性原则构成混合概念理论的必要条件，而不构成概念异质性假说的必要条件，即不同的概念或基于不同概念的认知过程不必然是相互联系的，却没有提供支持这种非必然性的有效证据。另一方面，他还认为，协调性原则也构成混合概念理论的必要条件，但概念异质性假说并不承诺协调性原则。针对此，马尔特的实验发现及相关语言学证据也没能为其提供真正有效的支持。

第三章
概念的三种基本类型

概念异质性假说第三条原则认为，有坚实的证据表明，原型、范例和理论属于三种异质性的概念类型。为了支持该原则，麦歇瑞的论证排除了定义和典范的独立概念类型地位，同时赋予原型、范例和理论以基本概念类型的地位，并相应赋予概念原型说、概念范例说和概念理论说以理论范式的地位[1]。进而，麦歇瑞提出知识类型和认知过程两项标准，并认为原型、范例和理论三种概念包含不同的知识类型且被应用于不同的认知过程，因而这三种概念没有共同的属性而构成异质性概念。本书第四章将讨论这三种概念是否真正被应用于不同的认知过程，第五章第二节将讨论这三种概念所包含的知识之间的基本逻辑关系。本章讨论不同概念类型的基础性地位，包括基本概念类型的构成要件、范例的基本概念地位、原型的基本概念地位、定义的基础性概念地位、理论的非基本概念地位以及其他概念类型的非基础性地位。

---

[1] MACHERY E. Doing without Concepts [M]. Oxford: Oxford University Press, 2009: 4.

第三章 概念的三种基本类型

第一节 基本概念类型的构成要件

无论在心理学还是哲学领域，学者对于概念作为某些特定认知功能的载体都存在着广泛共识，但对于作为认知功能载体的概念具体承载哪些认知功能或者哪些认知功能更具有优势地位，却存在着不同程度的争议。由于概念作为其特定指称对象的知识体在心理学领域已经得到广泛认可，同时根据本书第一章第三节的讨论，认知主体拥有特定认知对象的相关知识，是其拥有该特定认知对象相关命题态度的基础，如果认知主体不拥有关于特定认知对象心理学意义上的概念，则不可能相应拥有其哲学意义上的概念。因此，作为认知功能载体的概念首先应该承载与其指称对象直接相关的认知功能，如准确指向其指称对象的指称功能、全面准确刻画其指称对象的表征功能，以及准确识别其指称对象的个体化功能等，这些认知功能进而支持其他更加复杂的高级认知功能。由此，这些认知功能构成概念的基本认知功能，相应的，具备这些基本认知功能的概念则构成概念的基本类型。

一、概念的指称功能

根据心理学领域对概念形成的广泛共识，概念是关于特定认知对象（范畴或个体）的知识体，作为刻画特定认知对象的概念知识必然被要求准确指向其刻画对象，任何概念都应该与其刻画对象之间存在一一对应关系。因而，如果某个概念能够与相应的认知对象确立一一对应关系，那么该概念则能够成功地指称其特定的刻画对象。

由于概念及其指称对象之间是刻画与被刻画的关系，因而被刻画的指称对象是形成特定概念的前提，即在逻辑上，如果没有被刻画的对象，则不可能形成相应的概念。要使某个概念能够成功地指称某个特定的认知对象，首先要求确实存在某个特定的认知对象可供指称。当某个特定的认知对象确实存在时，其概念与其自身之间的指称与被指称关系可以通过以下三种方式确立。

第一，在某个特定的认知对象被确认或假设其存在时，为了进一步确认其是否存在或对其进行其他相关研究，对其进行正式命名所形成的名称语词便与该认知对象建立了一一对应的指称关系。但这种对应关系是人为约定的，即人为赋予某个已被确认或假设存在的认知对象以特定的专属语词。该专属语词最初并不包含任何内容，只是一个没有概念知识的文字或语音标签，只能在后续的认知过程中不断吸纳指称对象的概念知识。比如，"狗"这个语词刚开始除了人为赋予的指向狗这个特定认知对象的指称功能之外，并不包含关于狗这个对象范畴的任何知识，其本身仅仅构成狗这种范畴特有的记识标签。虽然指称特定认知对象的语词本身并不包含任何概念知识，但其可以作为占位符标记指称对象的所有概念知识，因而该语词及其全部概念知识共同构成指称对象的概念内容。从这个意义上，特定认知对象的专属语词与该认知对象之间通过人为约定建立指称与被指称关系的方式，是概念与其指称对象之间确立指称关系的第一种方式，简称直接主观约定方式。

第二，随着内容不断增加，这些概念知识逐渐形成越来越复杂的概念体系，进而标记该特定认知对象及其概念知识的专属语词便拥有了日益复杂的语义内容。但由于这些概念知识本身并未得到充分辩护进而拥有唯一指向其刻画对象的能力，客观上并不一定能与其刻画对象之间建立一一对应关系，因而这些未经过充分辩护的概念知识，仍然只能直接归属于标识其刻画对象及其本身的专属语词。比如，关于狗的概念知识由于没有得到充分辩护，不一定能够唯一地指向狗这个对象范畴，而只能直接归属于"狗"这个专属语词。由于概念知识不能直接与其刻画对象之间确立一一对应的指称关系，而只能通过标识其刻画对象及其本身的专属语词来间接确立，因而概念与其刻画对象之间在这种意义上确立指称关系的方式，是概念与其刻画对象之间确立指称关系的第二种方式，简称间接主观约定方式。

第三，随着对特定认知对象的深入认识，其概念知识不断得到辩护而变得足够全面精确时，这样的概念知识便能够唯一地指向其刻画对象。比如，当狗这种生物学范畴的基因图谱足够全面精确时，生物分子学层面的概念知识便能够与狗这个生物学范畴建立一一对应关系，从而确立狗的概念与其对象范畴之间的指称与被指称关系。这样的概念本身足够全面精确，完全能够通过自身确立与其刻画对象之间的指称关系，不需要通过标识其刻画对象及其本身的专属语词来间接确立。这种通过概念本身确立其与刻画对象之间指称关系的方式，简称直接客观确立方式，是概念与其刻画对象之间确立指称关系的第三种方式。概念与其刻画对象之间确立指称与被指称关系的三种方式如图3-1所示。

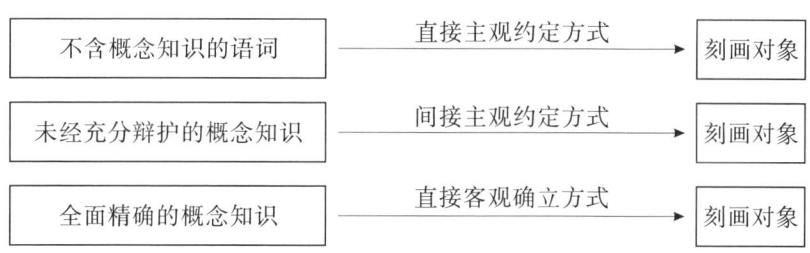

图3-1　概念与其刻画对象之间确立指称与被指称关系的三种方式

二、概念的表征功能

概念作为刻画其指称对象的知识体，这种本体论刻画本身已经表明，对指称对象进行表征构成概念的一项基本认知功能。在心理学文献中，"概念"经常与其他相关术语交互使用，包括心理表征、范畴表征、知识表征、语义表征等，这也进一步表明表征作为概念的一项基本认知功能在心理学领域存在广泛共识。

概念在表征其指称对象的过程中，指称对象所拥有的不同属性构成概念表征更直接和更具体的内容，即概念通过表征其指称对象的具体属性实现对整个指称对象的间接表征。由于不同的指称对象拥有不同的具体属性，这些不同的属性拥有不同的表征方式，它们在概念的各种认知功能中发挥的作用也不尽相同，因而，可以按照不同的分类标准对这些属性进行分类。第一，按照属性变量是否具有连续性，可以将这些属性区分成特征属性（离散属性）与维度属性（连续属性）。比如，长有翅膀为特征属性或离散属性，而有甜味则为维度属性或连续属性。第二，按照属性在范畴化过程中发挥的作用，可以将这些属性划分为典型属性与诊断属性。比如，长有四条腿是狗的典型属性，即在统计意义上绝大多数或所有狗都拥有这种属性；会吠则是狗的诊断属性，即会吠是狗独有的属性，某种动物如果拥有这种属性就可以被归于狗这个范畴。第三，按照不同属性之间是否具有因果联系，可以将这些属性区分为因果属性与非因果属性。比如，拥有较宽的喙和脚趾间有蹼为因果属性,这两种属性都是基于水鸟的水生习性总结的;拥有白色羽毛和脚趾间有蹼则为非因果属性,因为这两种属性之间没有因果联系。

除了上述三种分类方法,还可以按照其他标准对概念指称对象的不同属性进行分类,而不同类型的属性在概念的不同认知功能中发挥的作用还有待进一步研究。

三、概念的个体化功能

概念的个体化功能,是指概念所拥有的使其指称对象成为其自身而不是其他对象的功能。特定概念的指称对象可以通过该概念所表征的某些属性从而区别于其他对象,特别是区别于其他类似的对象。然而,某个具体概念遂行其个体化功能的能力,即成功将其指称对象与其他认知对象进行识别区分的能力,是一个不断增强的变量,随着认知主体拥有的概念,特别是类似概念越来越多,某个具体概念需要表征其指称对象的属性也越来越多或越来越抽象,这样才能使其指称对象有效地从其他各种认知对象中被识别出来。这种个体化能力的变化包括纵向变化和横向变化。

概念个体化能力的纵向变化,即随着主体所拥有的概念不断增加,某个具体概念能够对其指称对象进行个体化所需要的属性数量不断增加或者更加抽象。比如,当认知主体只拥有狗和鸡两种概念的时候,狗的概念只需要包含"长有四条腿"这一种属性就能够区分狗和鸡。而当主体进一步拥有猪的概念时,仅靠"长有四条腿"这一种属性则不足以区分狗和其他两种动物。这时,需要增加其他属性,如"长有爪子",才能完全区分狗和其他两种动物。同理,当认知主体进一步拥有猫的概念时,则需要进一步增加另外的属性,如"会吠",才能将狗从其他三种动物中有效识别出来。再比如,当认知主体只拥有猪和鸡两种概念时,只用"长有四条腿"这一种属性便能将猪和鸡区分开。而当认知主体进一步拥有牛的概念时,除了增加"长有角"等外部知觉属性,还可以通过"拥有两个胃"等比较抽象的内部属性将牛同鸡、猪区分开。随着概念种类的不断增加,特别是随着类似概念的增加,某种具体概念需要相应增加其所表征的属性数量或抽象性以遂行其个体化功能的变化过程,即为概念个体化能力的纵向变化。概念个体化能力的纵向变化如图3-2所示。

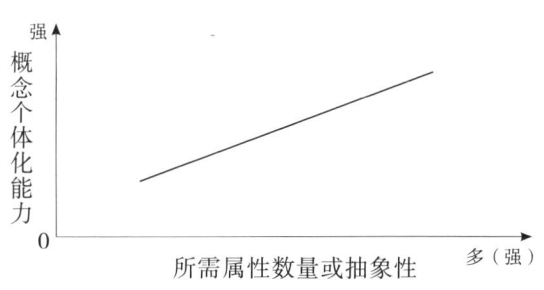

图 3-2　概念个体化的纵向变化

与概念个体化能力的纵向变化相对应，所谓概念个体化能力的横向变化是指，当认知主体同时拥有多种类似概念时，某个具体概念能不断提升其指称对象进行个体化所需要的属性数量或抽象性。这种变化过程与概念个体化能力的纵向变化相似，只是两者侧重于不同的时间序列。

概念的三种基本认知功能——指称功能、表征功能和个体化功能，虽然都与概念刻画对象的具体属性表征相关，但各自对属性表征的要求有所不同。其中，指称功能既可以直接通过约定完成，也可以通过全面而精确的属性表征完成；表征功能则要求属性表征原则上是完备而精确的；个体化功能只需要概念中包含一种诊断性属性表征。另外，由于概念的这三种基本认知功能均与其刻画的认知对象直接相关，因而，这三种认知功能在这种意义上被称作概念的一阶认知功能或基础认知功能。相应的，概念作为思想组分或思考对象，以及在范畴化等其他各种认知过程中所发挥的功能被称作二阶认知功能[①]。因此，在不同的概念类型中，如果某种类型的概念能够遂行上述三种基本认知功能，那么就能构成一种基本概念类型，反之，则不拥有基本概念类型的地位。

---

① 范畴化过程不仅涉及特定范畴的概念，还涉及范畴化对象的概念，即某些特定的次级范畴或作为范畴成员的个体。另外，概念的其他认知功能如何发挥作用有待进一步研究。

第二节　范例概念

作为概念原型说的竞争或替代理论，概念范例说虽然晚于概念原型说的产生，但范例概念是原型概念产生的逻辑前提，范例概念的基础性地位将直接影响到原型概念的基础性地位。本节简要介绍概念范例学说，根据其对概念本体论的刻画并通过概念的基本认知功能，对范例是否构成一种基本概念类型进行评估。

一、概念范例说

概念范例说认为，范例即概念，是关于某范畴特定成员所拥有属性的知识体，这些知识体存储于长时记忆并支持范畴化和推理等认知过程[1]。洛索夫斯奇甚至认为，长时记忆中储存着每次遇见某个特定范畴成员时所形成的范例，而不仅仅储存一个关于特定个体的范例，即长时记忆中一般会存有关于某特定范畴成员的大量范例[2]。比如，张三每次遇见邻居家的宠物狗时，脑海中都会形成一个范例并存储于长时记忆，因而其有大量关于该宠物狗的范例，而不是只有一个。

作为概念原型学说的竞争理论，概念范例学说被用来专门解释范畴化等认知过程中存在的范例效应。比如，当某个对象与长时记忆中特定的 A 范畴成员高度相似，而与其他范畴成员只是中度相似时，则更容易被范畴化为 A 范畴成员。相对而言，那些与长时记忆中某范畴大多数成员都存在中度相似的对象，则不太容易被范畴化为该范畴成员。根据基于范例的认知过程模型（exemplar – based models of cognitive processes），范畴化等认知过程中的目标对象与长时记忆中储存的范例之间的相似性是非线性的，即目标对象与范例共同拥有的某个属性在多大程

---

[1] MACHERY E. Doing without Concepts [M]. Oxford：Oxford University Press，2009：93.
[2] NOSOFSKY R M. Exemplar – based accounts of relations between classification，recognition，and typicality [J]. Journal of Experimental Psychology：Learning，Memory，and Cognition，1988（4）：700 – 708.

度上影响彼此之间的相似性，依赖于彼此之间共同拥有的其他属性的数量。比如，当邻居家的宠物菲多与张三家的宠物狗罗尔共同拥有某种属性（如会吠）时，如果菲多与罗尔之间还拥有其他共同属性（如追逐猫），那么二者的相似性将会得到极大地强化，因而张三更容易将菲多范畴化为狗①。

二、基于范例的表征模型和范畴化模型

概念范例说作为一种比较成熟的概念理论，不仅提出了范例这种概念本体论假设，而且还提供了概念作为范例的表征模型和基于范例的认知过程模型。

按照马丁（Medin）和沙费尔（Schaffer）提出的语境模型（The Context Model），某种范例概念通过四种属性（颜色、形状、尺寸大小和位置）来表征其指称对象，每种属性有两种取值（分别用 0 和 1 表示）②。比如，111？$-A$（A_1）和 10？0$-A$（A_2）分别表征范畴 A 中的范例 A_1 和 A_2；00？1$-B$（B_1）和 110？$-B$（B_2）分别表征范畴 B 中的范例 B_1 和 B_2，其中"？"表示认知主体在遇见个别范畴成员而形成其范例概念时，由于选择性注意而未能确定的属性取值。选择性注意即在形成范例概念时，由于各种原因，认知主体的注意力并没有平均投射到目标对象的所有属性上，而是有意或无意地忽视了部分属性，因而这些被忽视的属性取值并不确定。概念的范例表征模型如图 3-3 所示。

范畴 A	
范畴成员 A_1	
维度属性 1	属性取值 1
维度属性 2	属性取值 0
维度属性 3	属性取值待定？
维度属性 4	属性取值 0

图 3-3　概念的范例表征模型③

---

① MACHERY E. Doing without Concepts [M]. Oxford：Oxford University Press，2009：97.
② MEDIN D L, SCHAFFER M M. Context theory of classification learning [J]. Psychological Review，1978（3）：210.
③ MACHERY E. Doing without Concepts [M]. Oxford：Oxford University Press，2009：95.

一个完整的基于范例的范畴化模型包括三个部分——范例表征模型、相似性测算过程和范畴化决策过程[1]。比如，在对宠物狗菲多进行范畴化的过程中，首先需要在长时记忆中形成狗、狼或猫等近似范畴的各种范例概念，然后再从长时记忆中检索出这些相关的范例概念与菲多进行对比并进行相似性计算，最后根据相似性的大小做出菲多是否属于狗这个范畴的范畴化决策。这种基于范例的范畴化认知过程如图3-4所示。

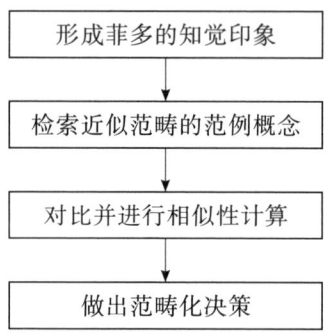

图3-4　基于范例的范畴化过程[2]

三、范例概念的基础性地位

麦歇瑞认为，概念范例说作为一种比较成熟的概念理论，具备概念理论范式的地位，相应的范例也被当作一种基本概念类型，拥有特殊的基础性地位。然而，他并没有给出范例能够构成一种基本概念类型的必要条件，根据本章第一节对概念的三种基本认知功能的讨论，如果范例概念能够完全或者在相当程度上遂行概念的三项基本功能，那么范例就能够构成一种基本概念类型。

首先，范例能够较好地执行概念的指称功能。某种概念可以通过三种方式确立其与刻画对象之间的指称与被指称关系，即直接主观约定方式、间接主观约定方式和直接客观确立方式。其中，第一种方式指，当某个概念没有语义内容或任何属性表征而只有标记其刻画对象的语词时，该概念可以直接通过认知主体的约

---

[1] MACHERY E. Doing without Concepts [M]. Oxford：Oxford University Press，2009：96-98.

[2] MACHERY E. Doing without Concepts [M]. Oxford：Oxford University Press，2009：97.

定而确立其与刻画对象之间的指称关系。在这方面，范例作为对某种范畴中少数特定成员个体的表征，即使并没有实际表征其刻画对象的任何属性，但它仍能成功指向其试图刻画的对象范畴。比如，即使张三由于记忆或其他原因[①]并没有形成对宠物狗菲多的任何表征，但当菲多作为"狗"这种范畴的范例时，"菲多"这一术语已经被约定指向"狗"这一范畴。确立指称与被指称关系的第二种方式指，随着某个概念的语义内容（即所包含的概念知识或刻画对象的属性表征）逐渐丰富，由于这些内容直接归属于该语词，因而可以通过标记该概念的语词而间接指向其刻画对象。在这方面，范例作为表征范畴特定个体属性的知识体，虽然其所表征的属性并不涵盖该范畴的多数成员个体，更不涵盖该范畴的全部成员个体，但被范例所刻画的这些个别范畴成员在很大程度上能代表整个范畴，因而范例能在更大程度上（相对于直接主观约定方式）遂行其指称功能。第三种方式指，随着对特定认知对象的认识更加深入，其概念知识不断得到辩护而变得足够全面和精确时，便能唯一地指向其刻画对象。在这方面，范例作为表征范畴特定个体属性的知识体，其所表征的各种属性中一般包含某些直接指向其对象范畴的诊断性属性，在这种意义上，范例也能较好地遂行其指称功能。因而从总体上看，范例能够较好地执行作为一种基本概念类型应该具备的指称功能。

其次，范例能够在很大程度上遂行概念的表征功能。表征作为概念的一种基本认知功能，原则上要求涵盖被刻画对象的全部属性，且所有表征不同属性的概念知识能够得到辩护而变得全面和精确。在这方面，范例虽然不能涵盖所刻画范畴的全部属性，亦不能保证其对指称对象不同属性的刻画完全准确，但由于范畴中的个别成员拥有的属性也是绝大多数其他成员所拥有的属性，因而范例仍然能够表征对象范畴的绝大多数属性，而且这些属性表征中一般也会包含对某些诊断性属性的表征以及其他可以得到辩护的属性表征。因而，范例能够在很大程度上遂行作为一种基本概念类型应该具备的表征功能。

最后，范例能够在较大程度上完成概念的个体化功能。所谓概念的个体化功能，是指概念所拥有的使其指称对象能够成为其自身而不是其他认知对象的功能，即特定概念的指称对象可以通过该概念所表征的某些属性区别于另外的认知对象，特别是不同于其他类似的认知对象。在这方面，虽然范例只是表征对象范

---

① 如好朋友刚提议把自己的宠物狗菲多送给张三时。

畴中少数个别成员的某些属性，但这些被范例表征的属性中一般包含一定数量的诊断性属性；而且，范例这种基本概念类型本身具有很强的成长性，认知主体所拥有的关于特定范畴的范例概念会不断积累，范例概念的数量和具体范例概念中所包含的属性表征都会不断增多，进而其遂行个体化功能的能力也会不断增强。因此，范例能够在较大程度上完成作为一种基本概念类型应该具备的个体化功能。

总体看来，范例作为一种概念类型能够较好地完成概念的三项基本认知功能，因而能够合法地拥有基本概念类型的地位，构成一种基本概念类型。

第三节 原型概念

概念原型说作为传统概念理论（定义说）的竞争或替代理论，在整个概念理论体系中拥有理论范式的地位，麦歇瑞也在整个概念异质性假说中给予原型概念以基本概念类型的地位，但没有对其拥有这种基础性地位的条件展开讨论。

一、概念原型说

概念原型说认为，概念即原型，而某个范畴的原型则是关于其成员所拥有属性的统计知识体。这种知识体涉及范畴成员在统计意义上所拥有的那些属性，并非所有范畴成员都必须拥有原型所表征的所有属性，少数范畴成员可能并不拥有原型所表征的某些属性。作为原型的这些统计知识体存储于长时记忆中并支持范畴化和推理等认知过程[①]。

由于原型所表征的范畴属性本身有不同的性质，原型理论可以分为不同的类型。有些原型理论认为，原型所包含的统计知识指向一些特征属性，即原型所表征的属性是离散的，范畴成员要么拥有这些属性，要么不拥有这些属性，比如

---

① MACHERY E. Doing without Concepts [M]. Oxford: Oxford University Press, 2009: 83.

"长有翅膀";有些原型理论认为,原型所包含的统计知识指向一些维度属性,即原型所表征的属性是连续的,范畴成员在不同程度上拥有这些属性,而不只是完全拥有或完全不拥有这两种极端情况,比如"有甜味";有些原型理论认为,原型所包含的统计知识指向一些典型属性,即大多数范畴成员拥有的属性;还有些原型理论认为,原型所包含的统计知识指向一些诊断属性,即只有某种范畴才拥有的属性,比如"会吠"是狗这种范畴才有的属性。同时,也有一些原型理论认为原型所包含的统计知识既可以指向典型属性,又可以指向诊断属性。除了前述的原型理论外,有的原型理论认为,原型所包含的统计知识不仅显示原型表征了哪些典型属性或诊断属性,还显示这些属性在多大程度上是典型的或诊断有效的(cue-valid)。巴沙劳甚至认为,原型所包含的统计知识既可以是相关属性取值的众数,还可以是平均值。

与概念范例说相比,概念原型说理论的支持者认为范畴化过程中的相似性计算一般是线性的,对象与原型共同拥有的属性在增加两者相似性方面的作用相互独立。比如,某宠物菲多同时拥有两种属性"会吠"和"会追逐猫",这两种属性对于增加菲多与狗的原型之间的相似性发挥着各自独立的作用,而概念范例说则认为这两种属性存在相互依赖关系,单独一种属性对提升菲多与狗的原型之间相似性的作用是有限的,如果配合另外一种属性则会极大地提升两者之间的相似性。由于基于原型的相似性计算是线性的,所以基于原型的范畴化过程也是综合的,范畴化过程最后阶段的决策程序需要综合各种共有属性对相似性的贡献,通过总体相似性做出最终的范畴化判断[1]。

由于原型理论的支持者认为范畴化过程中的相似性计算一般是线性的,概念原型学说被专门用来解释范畴化过程中存在的典型性效应。典型性效应是指,在范畴化等认知过程中,典型的对象相对于不那么典型的对象能够更快、更准确地被范畴化[2]。比如,鸽子比企鹅更容易被范畴化为鸟,因为鸽子拥有更多鸟的典型属性。

---

[1] MACHERY E. Doing without Concepts [M]. Oxford: Oxford University Press, 2009: 90.
[2] 典型的范畴化对象,即拥有更多典型属性的范畴化对象,而典型属性是指多数范畴成员更可能拥有的那些属性。

二、基于原型的表征模型和范畴化模型

概念原型说作为一种比较成熟的概念理论，不仅提出了原型这种概念本体论假设，而且还提供了原型概念的表征模型和基于原型的范畴化模型。

汉普顿（J. A. Hampton）提出的多态概念（polymorphous concepts）原型表征模型认为，原型即一系列用来确定某对象是否属于其表征范畴的属性。为了确定特定范畴的原型概念究竟表征哪些属性，汉普顿通过属性列举法让不同的受试将特定范畴（如交通工具）的属性逐一罗列，那些罗列频次最多的属性即为原型概念所表征的属性①。以"交通工具"为特定范畴，该原型表征模型如图3-5所示。

交通工具
1. 能承载人员或货物
2. 能够移动
3. 可以进行往返运动
4. 有轮子
5. 被驱动，有引擎，需要燃料
6. 自动的，有某些推进方式
7. 被用于运输
8. 可以控制方向
9. 有承载人员或货物的空间
10. 比人运动得快
11. 人造物

图 3-5 原型概念表征 A②

由于汉普顿的多态概念原型表征模型被认为过于简单，不足以切实呈现原型

---

① MACHERY E. Doing without Concepts [M]. Oxford：Oxford University Press，2009：85-86.
② MACHERY E. Doing without Concepts [M]. Oxford：Oxford University Press，2009：87.

概念所包含的关于对象范畴的更多具体信息,史密斯等学者提出了新原型概念表征模型。根据史密斯等人提出的新原型概念表征模型,原型概念包含两种不同类型的知识,即特征和特征值,其中特征为属性或变量的种类,而特征值为属性取值。比如,苹果有颜色是其一种特征,而其颜色为红色或绿色则为其特征值。史密斯等人进一步认为,由于原型概念所储存的知识不仅涵盖对象范畴的特征的大小,而且还涵盖不同的特征的特征值的大小,因而特定范畴的原型概念除了包含不同特征一般取值的知识,还会包含其他取值的频率知识。比如苹果的原型概念在表征其颜色属性时,不仅表征其在多大频率上是红色的,还表征其在多大频率上是其他颜色的,而这种频率则反映了不同属性的权重。不同特征的权重则表示其不同的诊断性,即不同特征在区分本概念范畴成员与其他概念范畴成员时的重要性。跟多态概念原型表征模型一样,新原型概念表征模型也通过列举法要求不同的受试罗列出特定范畴(如苹果、胡萝卜)的不同属性,然后对所有受试所罗列的属性进行汇总,被罗列频率最高的属性即为原型概念所表征的属性。以"苹果"为特定范畴,该原型概念模型如图3-6所示。

苹果			
特征		取值	
颜色	1	红色	27
		绿色	3
		棕色	—
形状	0.5	圆形	25
		圆柱形	5
		方形	—
手感	0.25	光滑	24
		粗糙	4
		凹凸不平	2

图 3-6 原型概念表征 B[①]

---

① MACHERY E. Doing without Concepts [M]. Oxford:Oxford University Press,2009:89.

除了提供原型概念的表征模型，原型概念理论还提供了基于原型的范畴化模型。一个完整的基于原型的范畴化模型包括三个部分：原型表征模型、相似性测算过程和范畴化决策过程①。比如，在对某宠物狗菲多进行范畴化的过程中，首先需要在长时记忆中形成狗的原型概念，然后再从长时记忆中检索出狗的原型与菲多进行对比并进行相似性计算，最后根据相似性的大小做出菲多是否属于狗这个范畴的范畴化决策。这种基于原型的范畴化认知过程如图3-7所示。

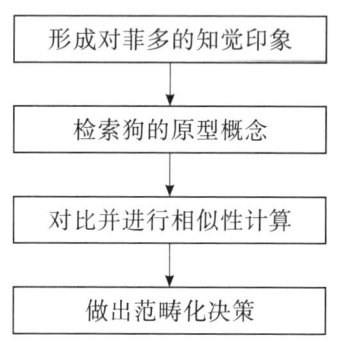

图3-7 基于原型的范畴化过程②

三、原型概念的基础性地位

麦歇瑞认为概念原型说作为一种比较成熟的概念理论，与概念范例说一样具备理论范式的地位，原型也拥有特殊的基础性地位，然而他同样没有给出原型之所以能构成一种基本概念类型的必要条件。根据本章第一节对概念的三种基本认知功能的讨论，如果能完全或者在相当程度上遂行概念的三种基本认知功能，那么原型就能构成一种基本概念类型。

首先，原型能够较好地执行概念的指称功能。确立指称关系的第一种方式（直接主观约定方式），是指原型作为对特定范畴全部或大部分成员所拥有属性的表征，即使这种表征并没有实际表征其刻画对象的任何属性，即当原型概念还没有任何语义内容而只是一个空泛语词的时候，它仍然能够成功指向其试图刻画的

---

① MACHERY E. Doing without Concepts [M]. Oxford: Oxford University Press, 2009: 90-91.
② MACHERY E. Doing without Concepts [M]. Oxford: Oxford University Press, 2009: 91.

对象范畴，因为只有当它被约定指向其刻画对象时，后续关于刻画对象的不同属性表征才可能随附于标识该原型概念的语词。比如，"狗"这一语词在标识狗这个范畴的原型概念之初并没有任何实际的语义内容，尚未真正表征狗的任何属性，但实际上已经被约定指向狗这个真实的范畴。相反，如果它没有被约定指向狗这个真实的范畴，后续刻画狗的各种属性的表征便不可能随附于该语词。确立指称关系的第二种方式（间接主观约定），是指随着某个概念的语义内容（即所包含的概念知识或刻画对象的属性表征）逐渐丰富时，这些内容由于其随附于标记该概念的语词而间接指向其刻画对象。在这方面，原型作为表征特定范畴全部或大多数成员共有属性的统计知识体，虽然其表征的每一种属性并不必然涵盖全部成员个体，但至少能够涵盖多数范畴成员，因而拥有某些语义内容的原型概念能够在更大程度上（相对于第一种指称关系确立方式）遂行其指称功能。确立指称关系的第三种方式（直接客观确立）是指，随着对特定认知对象的认识更加深入，其概念知识不断得到辩护而变得足够全面和精确时，这样的概念知识便能够唯一地指向其刻画对象。在这方面，原型作为表征特定范畴全部或大多数成员属性的统计知识体，虽然其表征的每一种属性并不必然涵盖全部范畴成员，但至少能够涵盖多数范畴成员。这些被表征的属性即使不能保证完全精确，但至少能够保证部分精确。更重要的是，这些被表征的属性中一般包含某些直接指向其对象范畴的诊断性属性，因而原型概念也能够较好地通过确立指称关系的第三种方式遂行其指称功能。相对于范例而言，由于原型表征的是全体范畴成员共同拥有或倾向于共同拥有的属性，因而其对指称对象的刻画更加全面和精确，同时也应该涵盖更多的诊断性属性。因此在这种意义上，原型能够更好地遂行其作为一种基本概念类型应该具备的指称功能。

其次，原型相对于范例能够在更大程度上遂行概念的表征功能。表征作为概念的一项基本认知功能，原则上要求涵盖被刻画对象的全部不同类型的属性，且所有表征不同属性的概念知识能够得到辩护而变得精确。在这方面，原型作为表征特定范畴全部或大多数成员属性的统计知识体，虽然其所表征的每一种属性并不必然涵盖全部范畴成员，但至少能够涵盖多数范畴成员。这些被表征的属性即使不能保证完全精确，但至少能够保证部分精确。同样，由于原型对其指称对象的刻画相对于范例更加全面和精确，因而在这种意义上原型相对于范例能够更好地遂行其作为一种基本概念类型应该具备的表征功能。

最后，原型能够在较大程度上完成概念的个体化功能。在这方面，原型作为表征特定范畴全部或大多数成员属性的统计知识体，虽然其所表征的每一种属性并不必然涵盖全部范畴成员，但原型所表征的全部属性中一般包含某些诊断性属性，这些诊断性属性必然由全体范畴成员所共同拥有，因而能够使其所刻画的对象范畴区别于其他任何范畴（特别是相似范畴），进而有效发挥其个体化功能。另外，由于原型相对于范例可能会涵盖更多诊断性属性，因而在这种意义上，原型能够更好地遂行其作为一种基本概念类型应该具备的个体化功能。

总体看来，原型作为一种概念类型不仅能够较好地完成概念的三项基本认知功能；而且相对于范例而言，原型对其指称对象的刻画更加全面和精确，也可能涵盖更多的诊断性属性，因而能够更好地完成这三项基本认知功能，进而也更有资格拥有基础性概念地位并构成一种基本概念类型。

第四节　定　义

以费舍尔（S. C. Fisher）等人为代表的概念定义说作为一种概念理论在 20 世纪 60 年代末以前的概念心理学领域完全处于支配性地位，随后被新出现的概念原型说和范例说等理论取代，甚至被完全抛弃[①]。及至 20 世纪末，虽然平克（S. Pinker）和普林斯（A. Prince）等人试图通过域多元理论等新的概念学说重新确立概念定义说的重要地位，但并未取得明显成效[②]。本节将通过剖析概念定义说的反驳论证并结合本章第一节提出的构成基本概念类型的必要条件，论证定义相对于范例和原型拥有更加基础的基本概念类型地位，从而真正挽救概念定义说的历史核心地位。

---

① FISHER S C. The process of generalizing abstraction; and its product, the general concept [J]. Psychological Monographs, 1916 (21): 1–209.
② MACHERY E. Doing without Concepts [M]. Oxford: Oxford University Press, 2009: 81.

一、概念定义说

作为古典概念理论,概念定义说认为特定范畴的概念即关于该范畴某些属性的知识体,这些属性共同构成一组决定某个体对象是否归属于该范畴的充分必要条件。某个体对象如果都拥有这些属性则必然归属于该范畴;相对的,如果某个体对象是该范畴成员,那么它必然拥有这些属性。按照这个学说,概念的获取即逐步认识到特定范畴的哪些属性构成这样一组充分必要条件的过程,而基于定义的范畴化即检测特定个体对象是否拥有这些充分必要属性的过程。

为了模拟获取定义的认知过程,费舍尔创建了一个由 10 个抽象图形构成的人工范畴——扎洛夫(Zalof),如图 3-8 所示。其中,不同的抽象图形拥有定义该范畴的某些共同部分,当这些图形逐一呈现给受试之后,受试被要求通过内省的方式发现这些共同部分,即不同抽象图形之所以归属于该范畴的充分必要条件。通过内省,如果受试能够成功找出作为各抽象图形之所以归属于该范畴的共同部分,则表明受试已经获得了该范畴的定义。

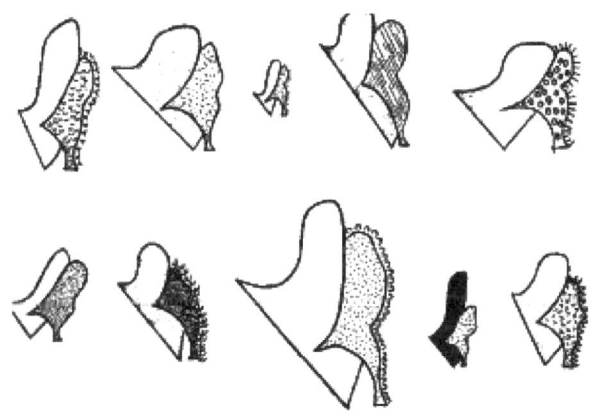

图 3-8 人工范畴扎洛夫(Zalof)[①]

---

① FISHER S C. The process of generalizing abstraction: and its product, the general concept [J]. Psychological Monographs, 1916 (21): 1-209.

二、对拒斥概念定义说论证的反驳

概念定义说作为古典概念理论一直受到各种非议，特别是20世纪末概念原型说等新的概念理论产生以来，更是面临被完全抛弃的命运。然而，各种拒斥概念定义说的论证却完全经不起推敲。

首先，麦歇瑞认为两千多年以来哲学家们并没有找到公认的关于"正义"和"知识"等的定义，因而概念不应该是定义[①]。然而这种论证是不成立的。第一，即使哲学家们没有找到这些对象的定义，也不意味着它们肯定没有定义。第二，即使这些对象没有定义，也不等同于其他认知对象没有定义。第三，概念是关于特定范畴的知识体，特定对象能够构成一个合法范畴是其拥有概念的必然前提。合法范畴即那些事实上拥有清晰外延和明确内涵的范畴。拥有清晰外延和明确内涵则意味着该范畴的外延是可以界定的，其内涵是可以刻画的，因而该范畴才可能通过其概念来表征。如果某类对象本身并不能构成一个合法范畴，那么它不仅不可能拥有定义，同时也不可能拥有范例或原型概念。就前述"正义"和"知识"等对象而言，它们并不能真正构成相应的合法范畴，其作为认知对象存在的前提是认知主体间共同的约定，如果主体间没有共同的约定，则不存在这样的认知对象。因而，如果这类抽象对象本身是不可定义的，那么它们也不可能存在范例和原型表征。

其次，麦歇瑞认为谋杀的定义包含"故意"这一主观要件，因而实施谋杀的时间应该比实施其他非故意杀人行为的时间更长。福多等人的实验表明，实施谋杀的时间并不比实施其他非故意杀人行为的时间更长，因此，谋杀行为并不能通过其他概念进行定义[②]。麦歇瑞的这种论证并不成立。具体实施某种行为所需要的时间受到多种主客观因素的影响，而且预谋本身所需的时间也具有很大的弹性，以单个案例中实施某行为的时间长度来判断其中是否包含"故意"，本身就存在逻辑错误。除非实验设计能够保证影响两类不同行为的其他因素全部相同，彼此之间的差异仅在于是否存在"主观"这一主观要件。然而，这种要求在技术上很难实现，即使如果在技术上真能满足这一要求，那么也不一定会出现实施谋

[①②] MACHERY E. Doing without Concepts [M]. Oxford: Oxford University Press, 2009: 80.

杀行为的时间比实施其他非故意杀人行为的时间更长的情况，因为预谋本身虽然需要时间，但预谋的内容也可能包含如何快速实施犯罪并保证事实上能够成功。

再次，罗施和默维斯等人认为概念定义说最大的不足在于缺乏足够的解释力，比如不能很好地解释范畴化过程中的典型性效应[1]。然而这种质疑也并不能真正构成对概念定义说的否定。一方面，作为概念定义说替代理论的概念原型说并不能解释概念心理学中的所有现象，比如不能很好地解释范畴化过程中存在的范例效应，同样，概念范例说也不能很好地解释范畴化过程中的典型性效应，但概念原型说和范例说各自的地位并没有因为其解释力不足而受到根本影响。另一方面，定义作为对特定个体对象进行范畴化的一组充分必要属性必然具有高度的抽象性，否则就不能对特定个体对象进行最精确无误的范畴化。相反，原型和范例概念都只是表征特定范畴的表观知觉属性[2]，而依据这些表观知觉属性进行的范畴化则具有相当程度的不确定性。因此，概念定义说不能很好地解释范畴化过程中的典型性等效应并不能证明其劣势，反而还能说明其相对于其他概念类型的特殊性或优势。

最后，有些心理学家认为即使在实验条件下能够获得某些很好定义的范畴概念，也不能保证其生态有效性，不能说明在自然环境下也能以相同的方式获得概念，而且有证据表明在自然条件下很难获得不同范畴的定义[3]。然而这种质疑也无法构成对概念定义说的真正否定。如前所述，作为定义的概念本身是一组相当抽象的属性，其获取难度远远大于形成原型和范例概念的难度，但这种难度本身以及认知主体是否真正拥有某些范畴的定义都不能否定定义是一种最完美的概念形式。

原则上看，如果某个范畴拥有清晰的外延和明确的内涵，即构成一个合法的范畴，那么就应该拥有其定义以便完全准确无误地对特定的个体对象进行范畴化

---

[1] MACHERY E. Doing without Concepts [M]. Oxford: Oxford University Press, 2009: 80-81.

[2] 虽然有些心理学家认为原型也可以表征内部抽象属性，但由于原型本身的统计学属性，即作为原型概念的知识体是通过计算大量范畴成员的相关表观知觉属性的平均取值而形成的，因而原型概念仍然主要表征特定范畴的表观知觉属性。

[3] MACHERY E. Doing without Concepts [M]. Oxford: Oxford University Press, 2009: 82-83.

判断。相反,如果某个范畴的概念不能保证对特定的个体对象进行百分百准确的范畴化判断,则表明该范畴没有定义,即没有清晰的外延和明确的内涵,因而不能构成一个合法的范畴,又或者表明该范畴的定义尚未形成。

三、定义的基础性概念地位

虽然20世纪70年代以后概念定义说几乎处于完全被抛弃的地位,然而如前所述,定义作为一种概念类型无疑是最完美的范畴化工具。不仅如此,作为一种概念类型的定义还能最完美地遂行概念的其他三项基本认知功能。

首先,定义能够完全准确地执行概念的指称功能。从确立指称关系的直接主观约定方式看,当定义并不表征一组充分必要属性中的任何一种属性,而只是一个空泛语词的时候,它仍然能够成功指向其试图刻画的对象范畴,因为只有当它被约定指向其刻画对象时,后续关于刻画对象的一组充分必要属性的表征才可能随附于标识该定义的语词。比如,当"狗"这一语词在标识狗这个范畴的概念之初并没有任何实际的语义内容,尚未真正表征狗的任何属性,但实际上已经被约定指向了狗这个真实的范畴。相反,如果它没有被约定指向狗这个真实的范畴,后续定义狗的各项充分必要属性表征便不可能随附于该语词。就确立指称关系的第二种方式(间接主观约定)来说,定义作为表征特定范畴的一组充分必要属性的知识体,其表征的每一种属性都必然涵盖全部成员个体,因而更能够(相对于直接主观约定)通过标记每一项属性表征的概念语词间接遂行其指称功能。就确立指称关系的第三种方式(直接客观确立)而言,定义作为表征特定范畴或范畴化不同范畴成员的一组充分必要属性的知识体,其所表征的每一种属性都必然涵盖全部范畴成员,更重要的是这些被表征的每一种属性都构成其对象范畴的诊断性属性,即构成其对象范畴的必要属性,因而定义能够完美地通过确立指称关系的第三种方式遂行其指称功能。相对于范例和原型概念而言,由于定义表征的是全体范畴成员之所以归属于某特定范畴的一组充分必要属性,因而其遂行作为基本概念类型的指称功能的能力更加强大甚至达到完美的程度。

其次,相对于范例和原型,定义能够更有效地遂行概念的表征功能。表征作为概念的一项基本认知功能,原则上要求涵盖被刻画对象的全部不同类型的属性,且所有表征不同属性的概念知识能够因得到辩护而变得精确。在这方面,定义作为表征特定范畴或范畴化不同范畴成员的一组充分必要属性的知识体，虽然并不表征特定范畴的全部属性，但能够完全精确地表征其全部重要属性或诊断性属性。因而在这种意义上定义相对于范例和原型能够更有效地遂行其作为一种基本概念类型应该具备的表征功能。

最后，定义能够完全精准地完成概念的个体化功能。定义作为表征特定范畴或范畴化不同范畴成员的一组充分必要属性的知识体，虽然并不表征特定范畴的全部属性，但能够完全精确地表征其全部重要属性或诊断性属性，而这些诊断性属性必然由全体范畴成员所共同拥有，因而能够使其所刻画的对象范畴区别于其他任何范畴（特别是相似范畴）。在这种意义上，定义相对于范例和原型能够完美地遂行其作为一种基本概念类型应该具备的个体化功能。

总体看来，定义作为一种概念类型不仅能够完成概念的指称功能、表征功能和个体化功能，而且相对于范例和原型还能够完美地完成这三项基本认知功能[①]，因此定义完全能够合法地拥有基本概念类型的地位，构成一种基本概念类型。

第五节　理　论

作为概念范例说和概念原型说的竞争理论，20世纪80年代墨菲和马丁等人提出的概念理论说认为，除了基于相似性计算的范畴化过程，还存在基于理论的范畴化过程，即范畴化过程包括基于相似性计算和基于理论两种类型。然而概念理论说并未形成与概念范例说和概念原型说一样比较成熟的概念表征模型或认知过程模型，更不具备概念范例说和概念原型说所拥有的理论范式地位。本节通过剖析概念理论说提出的关键论证并结合概念的三种基本认知功能，否定理论作为一种基本概念类型甚至独立概念类型的地位。

---

① 除了不能表征特定范畴的非重要属性。

一、概念理论说

概念理论说的核心理念相对于概念范例说和概念原型说比较分散。芮普斯和瑞德尔（B. Rehder）等人认为，概念类似于科学理论，概念中所储存的知识与科学理论所包含的律则、因果和功能知识一样，具有解释不同范畴成员之所以拥有某些特定属性的功能[1]。虽然这种解释不同于严格意义上的科学解释，但至少符合对科学解释的大众理解。另外，戈普尼克（A. Gopnik）和梅尔佐夫（A. N. Meltzoff）等人则认为，概念构成理论的组成要素，即特定范畴的概念包含着该范畴所属域[2]的一般性知识，这种一般性知识会影响同域中不同范畴概念所包含的具体知识。比如，由桌子、椅子和螺丝刀等构成"人造物"这种域，其不同范畴（桌子、椅子和螺丝刀等）的概念中包含着关于该域的一般性知识（制造者意图等），而这些一般性知识又会影响桌子等概念中所包含的具体知识；同时桌子、椅子和螺丝刀等同域的不同范畴在不同认知过程中有着相似的处理方式[3]。

概念理论说与概念范例说和概念原型说的另外一种显著差异在于，其较少形成成熟的概念表征模型，而更关注在不同年龄阶段所形成的不同具体概念中包含的理论知识。戈普尼克等人认为[4]，概念中所包含的因果知识是通过因果贝叶斯网络来表征的，而且因果知识学习等认知过程包含着与学习贝叶斯网络或利用贝叶斯网络进行预见等相似的计算过程。同样，概念理论说也没有提出与概念范例说或概念原型说一样比较成熟的认知过程模型，只是认为认知过程类似于科学推理。比如，凯尔（F. C. Keil）和威尔逊（R. A. Wilson）等人认为推理过程类似于

---

[1] RIPS L J. The current status of the research on concept combination [J]. Mind & Language, 1995 (10): 72 – 104; REHDER B. A causal – model theory of conceptual representation and categorization [J]. Journal of Experimental Psychology: Learning, Memory, and Cognition, 2003 (6): 1141 – 1159.

[2] 域（domain）：由范畴、属性或过程等构成的，在不同认知过程中有着相似处理方式的类。

[3] MACHERY E. Doing without Concepts [M]. Oxford: Oxford University Press, 2009: 104.

[4] GOPNIK A, GLYMOUR C, SOBEL D, et al. A theory of causal learning in children: Causal maps and Bayes nets [J]. Psychological Review, 2004 (1): 1 – 31.

科学解释过程①，墨菲和马丁甚至认为推理过程类似于最佳解释推理②。

二、对概念理论说的三点反驳

虽然概念中确实包含类似于科学理论的因果知识，特别是表征同一范畴不同属性之间因果关系的知识或关于特定范畴所属域的一般性知识，但这并不意味着概念中的因果知识可以通过因果贝叶斯网络来表征，范畴化等认知过程中存在的因果效应也不意味着概念中的因果知识构成范畴化等认知过程的直接依据。

第一，戈普尼克等人认为"聚会"这一概念可以通过因果贝叶斯网络进行表征，而且关于聚会的因果推理也可以通过基于因果贝叶斯网络的推理方式进行刻画③。"聚会"这一概念的因果贝叶斯网络表征过程如图3-9所示。然而，戈普尼克等人诉诸因果贝叶斯网络刻画概念中的因果知识及其相关认知过程的方式是无效的。一方面，因果贝叶斯网络本身只能表征不同事件在统计意义上可能存在的因果关系，根据本书第五章第三节学习因果知识的VEMACK模型，统计律则只能表示相关事件之间存在时间意义上的附随关系，并不等同于因果律则所表示的相关事件之间必然存在的引起与被引起关系，只有当统计律则经过时空连续性确认后才能转化为因果律则。概念中所包含的因果知识应该是具有必然性的因果律则知识，而不应该是具有或然性的统计律则知识，因而用因果贝叶斯网络表征概念中的因果知识从根本上说是无效的。另一方面，关于聚会等概念的因果推理应该是以整个聚会活动或其关键行为为对象进行的必然性因果推理，而不应该以因果贝叶斯网络所表征的相关事件之间的或然性关系为基础，否则相关因果推理是没有意义的。

---

① MACHERY E. Doing without Concepts [M]. Oxford: Oxford University Press, 2009: 106.

② MURPHY G L, MEDIN D L. The role of theories in conceptual coherence [J]. Psychological Review, 1985 (3): 289-316.

③ GOPNIK A, GLYMOUR C, SOBEL D, et al. A theory of causal learning in children: Causal maps and Bayes nets [J]. Psychological Review, 2004 (1): 1-31.

图 3-9　"聚会"概念的因果贝叶斯网络表征过程①

第二，在芮普斯的实验研究中②，受试首先被要求想象一种直径介于钟表和最小比萨之间的圆形物体，然后回答该物体更像钟表还是比萨，以及该物体更可能是钟表还是比萨。结果表明，受试对第一个问题的回答比较随机，50%的受试认为该物体更像钟表，另外50%的受试则认为该物体更像比萨。但受试对第二个问题的回答则表现出较强的倾向性，大多数受试认为该物体更像比萨，因为他们认为钟表的直径是固定的，而比萨的直径是可以变化的，因而该物体更应该是比萨。芮普斯由此得出结论：范畴化过程至少包括基于相似性计算的和基于理论的两种类型③。然而，芮普斯明显错误地理解了因果效应，或者说他混淆了两种概念，即范畴化判断的直接依据和产生直接依据的理由。也就是说，范畴化判断的直接依据是对象范畴与源范畴的某些属性相似度更高，而这些特定的属性为什么具有更高的相似度，则是因为某些因果理论知识的存在增加了这些属性在范畴化判断中的权重。布兰查德也认为，基于理论的范畴化过程与基于相似性计算的范畴化过程的区别，只在于受试在范畴学习和范畴化过程中为某些具有因果关系的属性指派了更大的权重，除此之外并没有其他实质性区别④。因此，所谓的理论知识在范畴化过程中的作用只是为相关属性的相似性判断及最终的范畴化判断提供辅助性支持，增强或削弱相关属性在范畴化过程中的重要性程度，与原型或范例在范畴化过程中所发挥的基础性作用存在根本区别。

第三，墨菲和马丁认为，如果某位客人在聚会中穿着衣服跌入泳池，那么可以断定他当时是喝醉了。由于该范畴化判断并未用"醉汉"这一概念与这位客人

---

① MACHERY E. Doing without Concepts [M]. Oxford：Oxford University Press，2009：106.

② RIPS L J. The current status of the research on concept combination [J]. Mind & Language，1995（10）：72-104.

③ MACHERY E. Doing without Concepts [M]. Oxford：Oxford University Press，2009：183-184.

④ BLANCHARD T. Default knowledge，time pressure and the theory-theory of concepts [J]. Behavior and Brain Science，2010（33）：206-207.

进行相似性比较，而是利用最合理解释进行推理的结果，因而该例子表明范畴化过程并不必然基于原型或范例的相似性计算，还可以基于因果理论知识[①]。然而，该例子并不能为基于理论的范畴化过程提供有效证据。一方面，该例子中作为范畴化基础的理论或因果知识是"只有醉汉才最有可能穿着衣服掉入水中"，这种理论或因果知识本身实际上已经做出了范畴化判断，因而与其说判断该位客人为醉汉是基于"只有醉汉才最有可能穿着衣服掉入水中"这种因果理论对其进行范畴化的结果，还不如说是这种因果理论直接预设的结果。因此，该例子中并不真正存在基于因果理论的范畴化过程，只存在所谓的因果理论本身。另一方面，墨菲和马丁认为该例子中并不存在基于原型或范例的相似性比较，即并没有用"醉汉"这个概念的原型或范例与该位落水客人进行相似性比对，但实际上当他们提及所谓的因果理论"只有醉汉才最有可能穿着衣服掉入水中"时已经把"穿着衣服落入水中"当作醉汉的原型概念，并用该原型概念与该位落水客人进行相似性比对了。

以上三个方面的反驳说明：①概念中存在某些形式的理论知识（主要是因果知识），但不能用因果贝叶斯网络进行表征或进行准确表征；②范畴化过程中存在的因果效应只能表明因果知识会对范畴化过程产生影响，但不能表明相应的因果知识构成范畴化的直接依据，即存在基于因果理论的范畴化过程；③某些看似基于因果理论的范畴化过程只是一种假说，实际上仍然是基于原型或范例的相似性计算过程。

三、理论的非基础性概念地位

作为概念范例说和概念原型说的竞争理论，麦歇瑞认为概念理论说也拥有理论范式的地位，其理论也拥有基础性概念地位。然而，根据上述分析，概念理论说不仅不能与概念范例说和概念原型说相提并论，而且根据构成基本概念类型的必要条件，概念中以因果知识为主的理论并不能单独构成一种概念类型，更不能构成一种基本概念类型。

第一，就概念的指称功能而言，理论基本不具备成功指向相应范畴的能力。

---

① MURPHY G L, MEDIN D L. The role of theories in conceptual coherence [J]. Psychological Review, 1985 (3): 295.

① 难以通过直接主观约定方式确立理论与相关对象范畴之间的指称关系。作为某些范畴属性之间特定因果关系的表征,当理论知识还没有实际内容而只是一个空泛语词的时候,它很难成功指向相应的对象范畴,即使约定了某特定语词指向特定的对象范畴,但由于特定的因果关系知识只能指向某些特定的属性,而这些特定的属性也未必只归属于特定的对象范畴。另外,作为特定范畴所属域的一般性知识,理论的指称对象是特定范畴所属的域,而不是某特定的范畴。因而,即使主观约定了特定的语词与某特定范畴相对应,但由于相关的理论知识最终并不能唯一指向该特定的范畴,这种约定也没有实际意义。比如,即使约定了"鸭"这个语词指向鸭这个范畴,但"水中觅食"和"脚上长蹼"这两种属性之间的因果关系知识,以及鸭这一概念中关于水鸟的一般性知识都不能唯一地指向鸭这一特定的范畴,而是还可以指向其他水鸟甚至其他哺乳动物。② 理论也难以通过间接主观约定方式成功地确立概念与对象之间的指称关系。同样,由于概念中所包含的因果理论知识只能直接指向特定的一组属性,而这一组特定的属性并不必然属于某特定的范畴,因而特定的因果理论知识并不能因与特定的范畴建立一一对应关系而成功指向该特定的范畴。另外,理论中所包含的一般性知识也只能与特定范畴所属的域(或上级范畴)建立一一对应关系,而不是与该特定的范畴建立一一对应关系。因此,不论是理论中包含的因果知识还是一般性知识都不能通过间接主观约定的方式而指向特定的对象范畴。③ 原则上理论可以通过第三种方式(直接客观确立方式)确立与特定对象范畴之间的指称关系。作为概念的理论知识如果能够全面准确地表征某范畴所有属性之间的因果关系,从而使其能够与特定的范畴之间建立一一对应的关系,即特定的某组因果关系知识仅归属于某特定的范畴,那么该理论概念则能够成功指向相应的对象范畴,但这相对于范例和原型概念而言困难要大很多甚至是不可能的事。另外,理论中所包含的一般性知识始终不可能唯一地指向特定的对象范畴。

第二,就概念的表征功能而言,理论很难完成概念的该项基本认知功能。表征作为概念的一项基本认知功能,原则上要求涵盖被刻画对象的全部不同类型的属性,且所有表征不同属性的概念知识能够因得到辩护而变得精确。在这方面,理论作为表征某些属性之间特定因果关系的知识或者相关范畴所属特定域的一般性知识,其表征的直接对象是特定的属性或特定范畴所属的域(或上级范畴),而特定的属性并不必然归属于特定的范畴,因而除非概念中所包含的理论知识能够涵盖特定范畴所有属性之间的全部因果关系,进而能够与特定的范畴之间建立一一对应关系而成功对其进行间接表征(但这种情况基本是不可能存在的),不然理论很难对相应的范畴进行直接有效的表征,更谈不上进行全面而精确的表征。

第三,就概念的个体化功能而言,理论也很难完成概念的该项基本认知功能。理论作为表征某些属性之间特定因果关系的知识或者相关范畴所属特定域(上级范畴)的一般性知识,并不能把相应的范畴与其他范畴区分开,因为因果理论知识只能间接表征特定范畴的某些属性,而且这些被间接表征的属性也并不必然归属于特定的范畴,另外被间接表征的这些属性也未必是特定范畴才拥有的诊断性属性。而作为一般性知识的概念更是无法识别特定的范畴,因为这些一般性知识本身就不能唯一指向特定的范畴,而是指向更大的上级范畴或其他范畴。

总的看来,由于概念中所包含的理论知识只能通过相关的属性间接地与相应的范畴建立联系,因而这种联系具有极大的不确定性,即概念中所包含的特定因果理论知识最终都不能必然归属于特定的范畴,从而导致了理论知识本身无法独立地作为基本概念应该具备的三项基本认知功能,即指称功能、表征功能和个体化功能,进而决定了理论知识本身并不能单独构成一种基本概念类型甚至不能构成一种独立的概念。

第六节 其他概念类型的非基础性地位

除了概念范例说、概念原型说、概念定义说和概念理论说,新经验主义概念说和概念典范说在概念心理学领域也拥有较大的影响,其中尤以新经验主义概念说相关理论为甚,但这两种概念理论并不拥有与概念范例说、概念原型说及概念定义说同样的基础性地位。

一、新经验主义概念说

普林茨和巴沙劳等人主张的新经验主义(Neo-Empiricism)概念说有两项核

心理念：①概念中所储存的知识被编码成多种知觉表征格式；②概念认知过程包括重现和操作某些知觉状态①。就第一项核心理念而言，普林茨认为，所有知觉、运动和情绪系统都依赖于某种特定的表征格式，而概念知识则被编码成这些知觉、运动和情绪表征格式②。巴沙劳认为，根据新经验主义概念说，关于苹果的概念知识是由存储于长时记忆中的视觉、嗅觉、触觉和味觉等表征构成的。相反，非模态概念理论则主张概念知识被编码成类似于语言的非知觉表征格式③。就第二项核心理念而言，普林茨等人认为，归纳、演绎、类比、计划和语言理解等认知过程包含对知觉表征的模拟和操作，但并不认为这种知觉重现等同于过去的实际知觉④。

麦歇瑞认为，如果新经验主义概念说能得到足够的证据支持，那么知觉表征也有可能构成一种基本概念类型⑤。然而，即使其能够得到足够的证据支持，知觉表征也不可能构成一种基本概念类型。一方面，根据概念心理学的最大共识，即概念是储存于长时记忆中关于特定范畴的知识体，任何一种基本概念类型都只能是这种知识体的一种类型，正如范例、原型和定义一样在横向意义上构成的是不同知识体类型。但实际上，知觉表征并不构成这种意义上的知识体，而只是构成一种可能的知识体表现形式，即表明构成概念的知识体可能以什么形式存在。另一方面，根据构成基本概念类型的要件——概念的三项基本认知功能，知觉表征作为一种可能的概念知识表现形式并不能明确指向某种具体的知识体，进而也无法指向某特定的范畴。同样，知觉表征作为一种可能的概念知识表现形式也无法对特定范畴的某些属性进行直接表征，进而表征特定的范畴。另外，知觉表征作为一种可能的概念知识表现形式在不具备前两项基本认知功能（指称和表征功能）的前提下，更不可能有效地对特定范畴进行个体化。总体看来，新经验主义

---

① MACHERY E. Doing without Concepts [M]. Oxford: Oxford University Press, 2009: 109.

② PRINZ J J. Furnishing the Mind: Concepts and Their Perceptual Basis [M]. Cambridge, MA, US: MIT Press, 2002: 109.

③ BARSALOU L W. Abstraction in perceptual symbol systems [J]. Philosophical Transactions of the Royal Society of London: Biological Sciences, 2003 (358): 85-86.

④ PRINZ J J. Furnishing the Mind: Concepts and Their Perceptual Basis [M]. Cambridge, MA, US: MIT Press, 2002: 148.

⑤ MACHERY E. Doing without Concepts [M]. Oxford: Oxford University Press, 2009: 116.

概念说虽然能够在一定程度上成为一种较为重要的概念学说，相应的，知觉表征也有可能构成一种有效的概念知识表现形式，但知觉表征本身不可能构成一种基本概念类型。

二、概念典范说

巴沙劳提出的概念典范（Ideals）说认为，作为特定范畴的一种概念，典范即关于其应该拥有属性的知识体①。比如，桌子的概念（典范）里并不储存关于桌子典型属性或诊断性属性的知识，而是关于其应该拥有属性的知识体。典范概念涉及特设性范畴（如火灾中抢救出来的物品）、目的驱动性范畴（如钓鱼装备）和人格属性范畴（如恶棍）等，但概念典范说并没有提出概念表征模型和认知过程模型②。

麦歇瑞认为，有某些证据表明存在典范概念，而且除了原型、范例和理论，大部分域中的绝大多数范畴都有典范概念，因而典范可能构成一种基本概念类型③。然而，作为特定范畴应该拥有属性的知识体，典范并不必然存在于长时记忆且具有稳定性。相反，典范具有极大的个人私有性且不具有作为一般概念的公共性。因此，典范并不能执行作为一种基本概念类型应该具有的，有效表征特定对象范畴的基本认知功能。同样，由于典范不具备有效的表征功能，因而也不具备基于表征功能进而成功指向特定对象范畴的指称功能，以及对特定对象范畴进行个体化的功能。综合来看，虽然概念典范说具有一定的理论意义，但典范概念本身完全不具备作为一种基本概念类型应该拥有的三项基本认知功能，因而不可能构成一种基本概念类型而拥有基础性概念地位。

概念异质性假说的第三条原则认为，原型、范例和理论构成三种基本概念类

---

① BARSALOU L W. Ad hoc categories [J]. Memory, and Cognition, 1983 (10); BARSALOU L W. Ideals, central tendency, and frequency of instantiation as determinants of graded structure in categories [J]. Journal of Experimental Psychology: Learning, Memory, and Cognition, 1985 (4).

② MACHERY E. Doing without Concepts [M]. Oxford: Oxford University Press, 2009: 117.

③ MACHERY E. Doing without Concepts [M]. Oxford: Oxford University Press, 2009: 117.

型，然而麦歇瑞并没有论证这三种概念何以拥有基础性概念地位。本章提出了构成基本概念类型必须具备的三项基本认知功能——指称功能、表征功能和个体化功能。某种概念能够较好地遂行这三项基本认知功能，则其构成一种基本概念类型，否则，即不能构成一种基本概念类型。

根据各种概念学说对概念的本体论刻画，并结合各种概念完成三项基本认知功能的综合能力大小判定，可以得出，范例、原型和定义依次构成三种基本概念类型，其中定义构成最完美的基本概念。相反，根据概念异质性假说，麦歇瑞认为理论构成一种基本概念类型，定义则不能构成一种基本概念。然而，理论知识（主要是表征特定范畴某些属性之间因果关系的知识）并不能与范例或原型概念一样，遂行作为一种基本概念类型必须具备的三项基本认知功能，而只能间接与特定的对应范畴建立并非必然的联系。

另外，新经验主义概念说认为概念知识以知觉表征的格式存在，知觉表征可能会构成一种基本概念类型。然而，知觉表征作为概念知识一种可能的表现形式，不可能成为一种基本概念类型，就如同动物、植物和微生物等分别构成生物的不同基本类型，但这些基本生物类型的共同表现形式则不可能单独再构成一种基本生物类型。更重要的是，知觉表征作为一种可能的概念知识的表现形式，根本不可能执行概念的三项基本认知功能。

最后，概念典范说认为概念是一种关于特定范畴应该拥有属性的知识体，但这种知识体并不具备作为真正概念知识所应该具备的稳定性和描述性等基本特征，进而也不可能具备作为一种基本概念类型必须拥有的三项基本认知功能。

第四章
串行式与并行式多过程理论

  概念异质性假说第四条原则认为，原型、范例及理论三种概念分别被应用于支持同一种认知能力（如范畴化）的不同认知过程[①]。同时，根据麦歇瑞对认知能力和认知过程的刻画以及他提出的认知能力和认知过程个体化条件，基于原型、范例和理论的范畴化等认知过程构成支撑范畴化等认知能力的三种异质性认知过程，即麦歇瑞所主张的并行式多过程理论（Multi-Process Theories）。然而，通过逐一检视其论证过程发现，其并行式多过程理论并未得到真正的支持，得到真正支持的反而是本书所主张的串行式多过程理论。

[①] MACHERY E. Doing without Concepts [M]. Oxford：Oxford University Press, 2009：4.

第一节　认知过程并行论证检视

根据麦歇瑞对认知过程的刻画，基于原型、范例和理论的范畴化等认知过程构成并行关系，即基于原型、范例和理论的三种范畴化等认知过程分别单独支持范畴化等认知能力并各自产生最终输出。然而，根据其对认知能力和认知过程的刻画，以及吉恩泽（G. Gigerenzer）和托德（P. Todd）等人提出的支持认知判断的简单启发法（Simple Heuristics）工具箱理论，基于原型、范例和理论的范畴化等认知过程并非各自支持不同的最终输出而构成并行关系，而是与其他相关决策过程一起通过串行关系支持单一的最终输出，即基于原型和范例等的范畴化等认知过程只是在共同支持最终单一输出的整个串行关系中构成局部的并行关系。

一、过程异质性原则对认知能力的刻画

麦歇瑞认为，认知能力是由相应的认知功能来刻画的，一种特定的认知能力必然对应一项完整的认知功能。比如，通过面部视觉识别功能来体现面部视觉识别能力，如果某认知主体能够成功地对特定面孔进行视觉识别，那么该认知主体拥有面部视觉识别这种认知能力。拥有某种认知能力往往意味着拥有多种相应的次级认知能力，即认知能力一般呈现为嵌套式（nested）结构。比如，对三维物体的视觉识别能力包括对颜色、形状和尺寸等的识别能力。

根据上述过程异质性原则对认知能力的刻画，由于任何一项完整的认知功能都必然涵盖完成该项认知功能后的最后认知输出，因而任何一种完整的认知能力相应地也应该涵盖完成最后认知输出所需要的全部认知过程，即在得到最后认知输出之前的所有认知过程（包括最后认知输出的产生过程本身）都应该归属于同一种认知能力。加之，由于一项认知能力往往包含多种相应的次级认知能力，而每一种认知能力至少需要一个认知过程，因此一种认知能力一般涵盖多个认知过程。这些认知过程如果构成并行关系，那么必然还至少需要一个认知过程来支持

最终的认知输出,因而支持一项完整认知能力的所有认知过程在整体上只能拥有串行式结构。为了方便叙述,本书简称这种多过程理论为串行式多过程理论。串行式多过程理论相应的认知过程如图4-1所示。

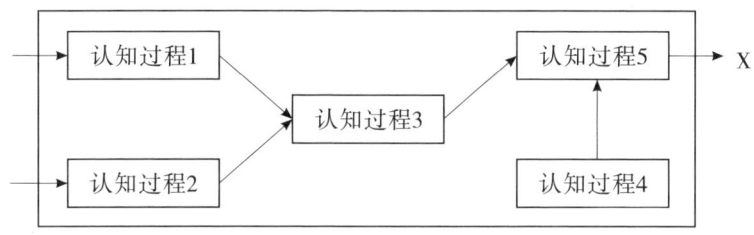

图4-1 串行式多过程理论相应的认知过程①

二、过程异质性原则对认知过程的刻画

麦歇瑞认为,多过程理论中所谓的多个认知过程是指那些可以单独完成相应认知功能的认知过程,即当其他相关认知过程因某些原因而缺失时,其中仅存的任何一种认知过程仍然能够支持一项完整的认知能力,而不是指与一项认知能力所包含的多项次级认知能力对应的多种认知过程②。更确切地说,麦歇瑞认为多过程理论中的每一种认知过程对于一项完整的认知能力而言,都是充分但非必要的。本书简称这种多过程理论为并行式多过程理论,该理论相应的认知过程如图4-2所示。

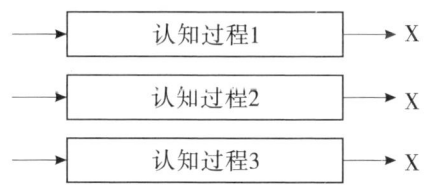

图4-2 并行式多过程理论相应的认知过程③

---

① MACHERY E. Doing without Concepts [M]. Oxford: Oxford University Press, 2009: 127.

② MACHERY E. Doing without Concepts [M]. Oxford: Oxford University Press, 2009: 127-129.

③ MACHERY E. Doing without Concepts [M]. Oxford: Oxford University Press, 2009: 128.

然而，根据之前关于串行式多过程理论的讨论，一项完整的认知能力一般包含多项次级认知能力，因而相应地包含多种认知过程。同时，如果确实存在局部结构中处于并行地位的多种认知过程，那么这些处于并行地位的认知过程在逻辑上必然需要另外一种认知过程进行统筹，即必须有一种认知过程对这些认知过程的不同输出进行综合处理从而获取统一的输出，哪怕这些并行认知过程的输出高度一致，也仍然需要一种统筹机制来保证机制构建的完整性。另外，如果在不同的时间分别只存在一种认知过程，那么就不需要另外一种认知过程对可能产生的认知冲突进行统筹。比如，当认知主体只拥有范例或原型一种概念时，其基于范例或原型的范畴化过程本身可以直接输出唯一且最终的范畴化判断，不需要另外一种综合过程。但是这种情形如果构成一种常态，并行式多过程理论就会失去实际意义，即并行式多过程理论中的并行关系应该指向同一的而不是分离的不同时空语境。

为了论证并行式多过程理论，麦歇瑞认为，在范畴化及概念习得过程中存在的典型效应、范例效应及因果效应说明基于原型、范例及理论的范畴化过程构成并行式关系。然而，根据本书第三章第五节和第五章第二节的讨论，作为表征范畴特定属性之间因果关系的知识体，理论并不能单独构成一种概念类型，也不能单独支撑范畴化等认知过程。假设某动物 A 看起来与邻居家的宠物狗菲多非常相似，因而可以基于范例对 A 进行范畴化并断定其是一只小狗。但由于 A 与菲多一样外形都很特别，因而 A 看起来根本不像一只普通的小狗，即基于原型对 A 进行范畴化时并不能断定其是一只小狗。当基于范例和原型两种方式对 A 进行范畴化并不能判断其究竟是不是一只小狗时；如果 A 能表现出对某只兔子的强烈兴趣，那么则可以断定其是一只小狗。从这个例子可以看出，当基于原型和范例的两种范畴化过程产生输出冲突时，可以借助概念中的某些理论知识强化两种范畴化输出中的一种，进而使其成为最终输出。因此，基于原型和范例的范畴化等认知过程实际上并不构成图 4-2 所示的并行关系，而是构成图 4-1 所示整体意义上的串行关系。

另外，麦歇瑞认为道德判断双过程理论能够很好地展示其并行式多过程理论①。根据格林（J. D. Greene）和海特（J. Haidt）的道德判断双过程理论主张，从社会情绪角度人们认为通过牺牲少数无辜的人来挽救多数无辜的人是不道德的，但从功利主义角度，人们则会认为在没有其他选择的前提下，这种行为是道德允许的，因而道德判断并不是一种单一的认知过程，而是基于社会情绪反应和中性推理的两种认知过程②。然而，格林和海特的道德判断双过程理论并不能支持麦歇瑞的并行式多过程理论，即道德判断双过程理论中基于社会情绪反应和中性推理的两种认知过程并不构成并行式多过程理论所主张的并行关系。一方面，真正与选择牺牲少数人来挽救多数人而产生道德负罪感的认知过程存在竞争或并行关系的，是选择牺牲多数人来挽救少数人而产生更强烈的道德负罪感的认知过程，或者说任何牺牲无辜的行为都会产生道德负罪感的认知过程。另一方面，选择牺牲少数人来挽救多数人的行为之所以会被认为是道德允许的或产生肯定性道德判断的正是对前述两种过程（选择牺牲少数人来挽救多数人与牺牲多数人来挽救少数人）的认知冲突进行理性综合（中性推理）的结果。如果缺失前述两种选择过程，则后续的理性综合过程不可能存在。因此，所谓的道德判断双过程理论真正支持的是图 4-1 所示的串行式多过程理论，而不是麦歇瑞所主张的图 4-2 所示的并行式多过程理论。

三、简单启发法工具箱理论

吉恩泽和托德等人认为认知主体拥有多种支持不确定性条件下认知判断的决策规则或启发法③。一方面，这些启发法并不考虑全部的线索，而只是基于其中少量的甚至单一的线索进行决策，因而又叫简单启发法或简单快速启发法。比如，当某欧洲人只能识别两座美国城市 A 和 B 中的一座，且必须选出其中人口数量较多的一座时，识别启发法（Recognition Heuristic）便是一种有效的决策方法，

---

① MACHERY E. Doing without Concepts [M]. Oxford：Oxford University Press，2009：128.

② GREENE J D，HAIDT J. How and where does moral judgment work？[J]. Trends in Cognitive Sciences，2002（6）：519.

③ MACHERY E. Doing without Concepts [M]. Oxford：Oxford University Press，2009：148-150.

即确定能够被识别的那座城市为人口较多的城市①。根据这种决策方法，如果必须在两个选项中（如 A 和 B 两座城市）根据某一标准（如人口数量）确定哪个选项取值较高，能否被识别就成了唯一的决策线索。另一方面，这些启发法与特定的语境相关，在特定的语境中与其他复杂的决策规则一样甚至更加有效②。比如，在判断两座美国城市的人口规模大小时，对德国人而言，这些城市是否被识别与其人口规模之间存在正相关关系，因而识别启发法成为一种有效的决策规则；但对于美国人而言，这些城市是否被识别与其人口规模之间则不存在相关性，因而识别启发法不再是一种有效的决策规则。

除了识别启发法，最佳线索启发法（Take the – Best）是另一种常见的二选一决策工具。最佳线索启发法，即基于某项标准进行二选一决策时，从多种线索中选择有效性最高的一种进行决策的方法。其中线索有效性是指某种线索与某项标准之间的相关频次或相关系数。比如，当按照人口数量标准决定两座德国城市 A 和 B 中哪座规模更大时，可以根据是否拥有甲级足球队或者是否拥有轨道交通两种不同的线索进行决策，其中是否拥有轨道交通这一线索比是否拥有甲级足球队具有更高的有效性③，因而选择是否拥有轨道交通这一最有效的线索进行决策是最为合理的决策方式。在诸如此类二选一的决策任务中，如果存在多种决策线索，这些线索按有效性大小进行排序后，其任何一项线索的有效性均大于其后续各项线索的有效性之和，那么最佳线索启发法即为该情景下最有效的决策方法。比如，在前述决定哪座德国城市人口规模更大的任务中，如果除了线索 a（是否拥有轨道交通）和 b（是否拥有甲级足球队）之外，还有线索 c 和 d，各线索的有效性依次递减，即 $V_a > V_b > V_c > V_d$，而且 $V_a > V_b + V_c + V_d$，$V_b > V_c + V_d$。基于单一线索 a 的决策优于基于后续 b、c、d 三种线索的决策，如果线索 a 失效（比如两座城市都有轨道交通），基于单一线索 b 的决策优于基于后续 c 和 d 两种线索的决策。

吉恩泽和托德等人认为，识别启发法、最佳线索启发法以及其他启发法构成

---

① GOLDSTEIN D G, GIGERENZER G. Models of ecological rationality：The recognition heuristic [J]. Psychological Review, 2002 (109)：76.

② MACHERY E. Doing without Concepts [M]. Oxford：Oxford University Press, 2009：148.

③ 相对而言，一座城市的交通设施建设与人口规模存在更加直接的联系。

一个解决诸如二选一等认知任务的工具箱，基于该工具箱中各种启发法的认知过程均能支撑特定的同一认知任务，因而简单启发法工具箱理论同时也构成一种多过程理论[1]。但吉恩泽和托德等人同时也认为，基于各种启发法的认知过程只会在不同的语境下先后被启动，而不会同时被启动，因此该多过程理论并不构成麦歇瑞所主张的并行式多过程理论，而是构成串行式多过程理论。事实上，麦歇瑞也承认简单启发法工具箱理论并不能为其所强调的多过程理论提供支持[2]。

第二节 认知能力与认知过程个体化论证检视

为了论证基于原型和范例的范畴化等认知过程构成两种异质性认知过程，而且这两种异质性认知过程共同支撑范畴化等同一种认知能力，进而为过程异质性原则提供支持，麦歇瑞提出了认知能力个体化和认知过程个体化的充分条件。然而，根据认知过程个体化条件，即使基于原型和范例的范畴化过程构成两种异质性认知过程，但根据认知能力个体化条件，它们所支撑的范畴化能力事实上却不属于同一种认知能力，而是构成完全不同的两种认知能力。

一、认知能力个体化

所谓认知能力个体化，即针对某种特定的认知能力进行识别，以使其区别于其他认知能力而确立自身特定的身份。就本章所讨论的多过程理论或过程异质性原则而言，则需要通过设定认知能力个体化的充分条件，从而明确基于原型概念和范例概念的范畴化过程所支撑的范畴化能力究竟是同一种认知能力，还是两种不同的认知能力，因而麦歇瑞提出了认知能力同一性充分条件和认知能力异质性

---

[1] MACHERY E. Doing without Concepts [M]. Oxford: Oxford University Press, 2009: 148-150.

[2] MACHERY E. Doing without Concepts [M]. Oxford: Oxford University Press, 2009: 150.

充分条件的观点。

首先，所谓认知能力的同一性充分条件，即当两种认知能力满足该充分条件时，它们实际上就构成同一种认知能力。麦歇瑞认为，如果认知主体在一种语境下能够产生认知输出 X，必然导致其在另一种语境下也能产生同样的认知输出 X，那么在这两种语境下产生认知输出 X 就涉及同一种认知能力。比如，当把认知能力类比为打网球等运动技能时，如果会在草地上打网球就一定也会在泥地上打网球，反之亦然，那么在草地上打网球和在泥地上打网球实则属于同一种运动技能。就范畴化能力而言，如果认知主体能在没有时间约束的条件下进行范畴化就一定能在有时间约束的条件下进行范畴化，反之亦然，那么在没有时间约束的条件下进行范畴化和在有时间约束的条件下进行范畴化就涉及同一种范畴化能力。

其次，所谓认知能力异质性充分条件，即当两种认知能力满足该充分条件时则构成两种不同的认知能力。麦歇瑞认为，如果认知主体在一种语境下能够产生认知输出 X 并不必然能在另一种语境下产生同样的认知输出 X，那么在这两种语境下产生认知输出 X 就涉及两种不同的认知能力。比如，仍然把认知能力类比为运动技能，如果会打网球并不必然会打羽毛球，反之亦然，那么会打网球和会打羽毛球则涉及两种不同的运动技能。

当麦歇瑞用打网球等运动技能与认知能力类比来阐述认知能力的同一性充分条件时，即使会在草地上打网球就会在泥地上打网球，反之亦然，但两者之间仍然存在一定程度的差异，会在草地上打网球和会在泥地上打网球并不是完全一样的技能，或者说两者之间仍然存在着一定的转换难度。因而，只有当两者之间的转换难度很小或没有转换难度，即两者的熟练程度不会因为转换而发生变化时，才能明确判定两者构成同一种运动技能，其他情况则属于灰色地带。同样，当麦歇瑞用球类运动技能与认知能力类比来阐述认知能力的异质性充分条件时，即使会打网球并不必然会打羽毛球，反之亦然，但两者仍然存在一定程度的联系，会打网球和会打羽毛球并不是两种完全不同的技能，或者说两者之间仍然存在一定程度上（哪怕是很小的程度上）的依存关系。因而，只有当两者之间的转换难度很大或不可能转换，即两者的熟练程度因为转换而发生显著变化时，才能明确判定两者构成两种异质性运动技能，其他情况则属于灰色地带。

二、认知过程个体化

认知过程个体化，即对某种特定的认知过程进行识别，以使其区别于其他认知过程而确立自身特定的身份。就本章所讨论的多过程理论或过程异质性原则而言，则需要通过设定认知过程个体化条件来判定基于原型概念和范例概念的范畴化过程究竟属于同一种认知过程，还是构成两种不同的认知过程。因而，麦歇瑞提出了认知过程个体化的三项条件，当基于原型概念的范畴化过程和基于范例概念的范畴化过程同时满足这三项条件时，则构成异质性的两种认知过程，但其中的任何一项条件都不足以单独构成区分这两种认知过程的充分条件[①]。

第一，基于原型概念的范畴化过程和基于范例概念的范畴化过程如果涉及两种不同的双分离（doubly dissociable）神经系统，那么，其可能构成异质性的两种认知过程。双分离是指两种变量对受试在两种认知任务中的表现分别产生不同的影响。比如，当把不同的脑损伤看成不同的变量时，第一种脑损伤只对第一种认知任务（如长时记忆）产生影响，而第二种脑损伤只对另一种认知任务（如短时记忆）产生影响。神经心理学上的双分离系统如图4-3所示。

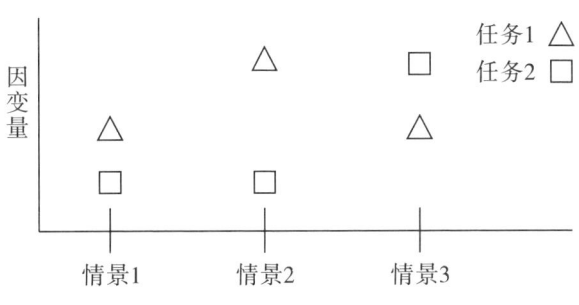

图4-3 神经功能双分离[②]

第二，基于原型概念的范畴化过程和基于范例概念的范畴化过程如果可以通过不同的输入-输出函数进行刻画，那么其可能构成异质性的两种认知过程。在

---

① MACHERY E. Doing without Concepts [M]. Oxford：Oxford University Press，2009：124.

② MACHERY E. Doing without Concepts [M]. Oxford：Oxford University Press，2009：135.

这方面，基于原型概念的范畴化过程和基于范例概念的范畴化过程既可以对相同的输入产生不同的输出，也可以对不同的输入产生相同的输出。比如，对看似同一只小狗的对象进行范畴化时，基于原型概念的范畴化过程和基于范例概念的范畴化过程可以分别将其范畴化为狗和狼；而对看似狗的两个不同对象进行范畴化时，基于原型概念的范畴化过程和基于范例概念的范畴化过程又可以将其范畴化为同一范畴的狗或狼。

第三，基于原型概念的范畴化过程和基于范例概念的范畴化过程可以通过相同的输入-输出函数进行刻画（如相同的输入产生相同的输出），但如果其涉及两种不同的算法，那么它们也可能构成异质性的两种认知过程。概念原型说认为，范畴化过程中基于原型概念的相似性计算是线性的，即范畴化对象与原型之间所共同拥有的各种属性对增加两者之间的相似性所做的贡献不存在相互依存关系[1]；而概念范例说则认为，范畴化过程中基于范例概念的相似性计算是非线性的，范畴化对象与范例共同拥有的某个属性在多大程度上增加彼此之间的相似性依赖于彼此之间共同拥有的其他属性[2]。

三、范畴化能力异质性论证

根据前述麦歇瑞对认知能力同一性充分条件、认知能力异质性充分条件以及认知过程个体化充分条件的刻画，即使可以通过这些标准对特定的认知能力或认知过程进行个体化判定，麦歇瑞除了推测性认为基于原型的范畴化过程与基于范例的范畴化过程构成两种异质性认知过程外[3]，并没有进一步论证基于原型的范畴化过程与基于范例的范畴化过程支撑的是同一种范畴化能力，而不是两种异质性的范畴化能力。事实上，根据其对认知能力异质性充分条件的刻画，如果基于原型的范畴化过程和基于范例的范畴化过程确实满足认知过程个体化的三项标准（涉及两种不同的双分离神经系统，可以通过不同的输入-输出函数进行刻画，

---

[1] MEDIN D L, SCHAFFER M M. Context theory of classification learning [J]. Psychological Review, 1978 (3): 215.

[2] NOSOFSKY R M. Attention, similarity, and the identification-categorization relationship [J]. Journal of Experimental Psychology: Learning, Memory, and Cognition, 1986 (1): 42.

[3] 麦歇瑞认为这两种过程至少够满足认知过程个体化的第二和第三项条件。

涉及两种不同的算法）而构成两种异质性认知过程，那么这两种范畴化过程则不可能支撑同一种范畴化能力。因为，作为实现范畴化功能的两种认知过程，基于原型的范畴化过程和基于范例的范畴化过程所遵循的是完全不同的两套机制。这两套机制之间存在根本性的差异，它们不可能像在草地上打网球和在泥地上打网球一样（假设这两种技能具有高度相似性或同一性）实现自由转换。或者说，麦歇瑞所提供的认知过程个体化条件实际上等同于认知能力的个体化条件，只是两者之间互为表里，即两种认知能力之间所表现出来的转换难度在根本上是由其认知过程之间的机制差异决定的，两种认知过程所依赖的机制差异越大，两种认知能力之间的转换难度也就越大。

另外，发展心理学家巴雷拉（M. E. Barrera）和莫勒（D. Maurer）的实验研究表明，儿童在三个月时开始拥有范例概念，开始具备从陌生面孔中识别母亲面孔的能力[1]，而到六个月时才开始拥有原型概念，开始具备从熟悉面孔或原型面孔中识别陌生面孔的能力[2]。同时，其他研究也表明，拥有范例概念是拥有原型概念的逻辑前提（参见本书第五章第二节）。因此，基于原型的范畴化能力不可能等同于基于范例的范畴化能力。

从以上分析可以看出，麦歇瑞所提供的认知能力和认知过程个体化论证虽然在某种程度上可以支持基于原型的范畴化过程与基于范例的范畴化过程构成两种异质性认知过程，但完全无法证明基于原型的范畴化过程与基于范例的范畴化过程支撑的范畴化能力属于同一种认知能力。相反，其论证恰恰表明基于原型的范畴化过程与基于范例的范畴化过程支撑的范畴化能力构成两种完全不同的异质性认知能力。

---

[1] BARRERA M E, MAURER D. Discrimination of strangers by the three–month–old [J]. Children Development, 1981 (52): 558–563.
[2] RUBENSTEIN A J, KALAKANIS L, LANGLOIS J H. Infant preferences for attractive faces: A cognitive explanation [J]. Developmental Psychology, 1999 (3): 848–855.

第三节　最佳预见与解释论证检视

麦歇瑞认为存在三种类型的证据支持其多过程理论（过程异质性原则），即最佳预见与解释论证、认知冲突论证及神经心理学论证[①]。其中，最佳预见与解释论证表明，如果某种多过程理论能够对受试在特定认知任务中的表现模式进行准确的预见或者最合理的解释，那么该多过程理论所假设的多种认知过程即被证明是存在的；认知冲突论证表明，如果某种多过程理论假设受试在完成某种认知任务（如范畴化）时有多种认知过程被启动，而且其表现模式（如反应时间等）在某些条件下存在显著差异（即被认为存在认知冲突），那么该多过程理论所假设的多种认知过程即被证明是存在的；神经心理学论证表明，如果某种多过程理论假设受试在完成某种认知任务（如阅读）时有多种认知过程被启动，如果实验发现不同的认知过程涉及不同的脑区，或者相同的脑区受损会对受试的不同认知功能产生不同影响（神经功能单分离），或者不同的脑区受损会对受试不同的认知功能产生不同影响（神经功能双分离），前者如某脑区受损会影响受试的长时记忆但不会影响其短时记忆，后者如某脑区受损会影响受试的长时记忆但另一脑区受损则会影响其短时记忆，那么该多过程理论所假设的多种认知过程即被证明是存在的。

一、基于原型或范例的范畴化等认知过程

概念原型说认为，概念即原型，而某个范畴的原型则是关于该范畴成员所拥有属性的统计知识体，范畴化、概念习得和归纳推理等都是基于原型的认知过程。概念范例说认为，范例是关于某个特定范畴成员所拥有的若干属性的知识体，范畴化、概念习得、归纳推理和概念合成等都是基于范例的认知过程，而概

[①] MACHERY E. Doing without Concepts [M]. Oxford：Oxford University Press，2009：132-133.

念则是一系列的范例。这两种相互竞争的概念学说都能对相关实验中受试的特定表现模式进行准确的预见（比如概念原型说能够成功预见受试更容易对较为典型的项目进行范畴化），而且都分别能够为相关实验中存在的典型性效应和范例效应给出较为合理的解释。虽然各自的支持者都从不同角度向对方提出质疑，但都未能从根本上否定对方的合理性。另外，马尔特和史密斯等人的实验研究表明[①]，人们既可以应用原型概念，也可以应用范例概念完成范畴化等认知任务。

基于上述各种论证，麦歇瑞认为，人们在完成范畴化、概念习得和归纳推理等各种认知任务时，至少涉及基于原型和范例的两种异质性的范畴化等认知过程，同样也至少存在原型和范例这样两种异质性的概念类型[②]。但根据本书第三章第一、二、三节以及第五章第二节的讨论，原型和范例并不构成两种异质性的概念类型。根据本章第一节的讨论，即使人们在完成范畴化等认知任务时涉及基于原型和范例的两种认知过程，这两种认知过程也并不构成其多过程理论（过程异质性原则）所主张的并行关系，而是在整体上构成本章第一节所主张的串行关系。另外，根据本章第四节（神经心理学论证检视）的讨论，即使基于原型和范例的认知过程构成两种异质性的认知过程，但根据本章第二节（认知能力与认知过程个体化论证检视）的讨论，这两种认知过程也不可能支撑范畴化等同一种认知能力。

二、基于理论的范畴化等认知过程

概念理论说认为，概念即理论，亦即特定范畴的概念主要储存关于该范畴各种属性之间因果关系的知识（即因果知识）[③]，范畴化、概念习得及归纳推理等都

[①] MALT B C. An on-line investigation of prototype and exemplar strategies in classification [J]. Journal of Experimental Psychology: Learning, Memory, and Cognition, 1989 (4): 539-555; SMITH J D, MURRAY M J, MINDA J P. Straight talk about linear separability [J]. Journal of Experimental Psychology: Learning, Memory, and Cognition, 1997 (23): 659-680; SMITH J D, MINDA J P. Prototypes in the mist: The early epochs of category learning [J]. Journal of Experimental Psychology: Learning, Memory, and Cognition, 1998 (6): 1411-1436.

[②] MACHERY E. Doing without Concepts [M]. Oxford: Oxford University Press, 2009: 163-183.

[③] 除了因果知识，还有框架知识，概念理论说概述参见本书第三章第五节和第五章第二节。

是基于理论的认知过程。由于概念理论说能够对相关实验中受试的表现模式进行较为成功的预见,也能够对实验中存在的因果效应进行较好的解释[1],加上发展心理学的研究也表明30个月的儿童开始拥有学习因果知识的能力[2],因而麦歇瑞认为,在完成范畴化、概念习得和归纳推理等认知任务时不仅涉及基于原型和范例的认知过程,还涉及基于理论的认知过程,范畴化等认知能力同时由基于原型、范例和理论的三种异质性认知过程支撑,原型、范例和理论构成三种异质性的基本概念类型[3]。

然而,根据本书第二章第五节以及第五章第二节的讨论,理论(主要是各种属性之间的因果知识)由于不能满足作为基本概念类型的三项必要条件,因而不能构成一种基本概念类型,甚至不能构成一种独立的概念类型,也不能像范例、原型、定义一样独立地支撑范畴化等认知能力。根据本书第三章第一节关于基本概念类型构成要件的讨论,首先,如果某种概念不具备指称功能,即不能成功地指向特定的范畴,则不可能支撑相关的范畴化等认知过程,因为有效的范畴化过程必然基于特定的对象(次级范畴或个体)和相应的范畴。但作为概念中所包含的一种知识体,理论并不能指向任何特定的个体对象或范畴,而是指向某些个体对象或范畴所拥有的特定属性。其次,如果某种概念不具备个体化功能,则不能成功地对特定范畴或个体加以识别,并将其与其他范畴或个体区分开,因而不可能支撑相关的范畴化等认知过程,因为有效的范畴化过程必然要求对特定的对象(次级范畴或个体)和相应的范畴进行识别。在这方面,理论同样不具备这项功能,因为其首先就不具备成功指称特定对象和相应范畴的能力。最后,如果某种概念不具备表征功能,不能对其指向的特定对象和相应范畴进行有效表征,也不可能有效支撑相关的范畴化等认知过程,因为有效的范畴化过程必然要求对特定的对象和相应的范畴进行有效表征。在这方面,理论也同样不具备这项功能,其表征的对象并不是特定的对象和相应的范畴,而是某些特定属性之间的因果关系。

---

① 如某些对象所拥有的各种属性之间存在因果关系时更容易被范畴化。
② 参见 GOPNIK A, GLYMOUR C, SOBEL D, et al. A theory of causal learning in children: Causal maps and Bayes nets [J]. Psychological Review, 2004 (1): 1 – 31, 也有其他发展心理学研究表明更小的儿童即开始拥有学习因果知识的能力,详细讨论参见本书第五章第二节。
③ MACHERY E. Doing without Concepts [M]. Oxford: Oxford University Press, 2009: 183 – 193.

另外，范畴化等相关实验中存在的因果效应和发展心理学的研究，只能表明因果知识能够对范畴化等认知过程产生影响和儿童很早就拥有因果知识学习能力，并不能说明理论本身能够构成一种独立的概念类型并单独支撑范畴化等认知能力。

三、概念合成中的典型性、范例和因果效应

所谓概念合成（concept combination），即认知主体应用两个概念（如祖母和间谍）形成一个长时记忆中原本并不存在的新概念（祖母间谍）的能力。其中，两个原有概念叫源概念（original concepts），新形成的概念叫复合概念（complex concepts）。相应的，与源概念对应的范畴叫源范畴，与复合概念对应的范畴叫复合范畴。汉普顿等人的研究表明，认知主体在概念合成过程中存在着明显的典型性效应、因果效应和范例效应[1]。其中，典型性效应是指认知主体在合成概念时会把源概念（特指原型概念）中那些最具典型性的属性归属到新形成的复合概念中去[2]，这种现象也叫属性继承（Property Inheritance）。因果效应是指认知主体在合成概念时，源概念的哪些属性会被新形成的复合概念继承，不仅受到源概念属性典型性的影响，还会受到认知主体理论知识的影响。比如，"男性"虽然是间谍这种源范畴的典型性属性，但是"祖母"这一源范畴却不可能拥有这样的属性，因此"男性"这一典型属性不可能被新形成的复合概念所继承而成为复合范畴（祖母间谍）的典型属性。范例效应是指认知主体在合成概念的过程中会把复合范畴某些特定范例的属性归属到复合概念中去。比如，张三是一名祖母间谍，因而认知主体会把张三的某些属性归属到祖母间谍这一复合概念中去。由于源范畴可能并不拥有复合范畴某些特定范例的相关属性，因而复合概念的这些属性表征也不可能从源概念继承，只能通过复合范畴的某些范例获取，这种新属性表征的形成方式叫属性凸现（Property Emergence）。鉴于以上概念合成中存在的典型性效应、因果效应及范例效应，麦歇瑞认为，概念合成涉及原型、范例和理论三

---

[1] MACHERY E. Doing without Concepts [M]. Oxford: Oxford University Press, 2009: 207-212.

[2] 实际上是归属于相应的复合范畴，以复合概念代替复合范畴只是为了便于阐述。

种异质性概念类型①,但原型、范例和理论不能支撑三种概念合成过程,而是构成同一概念合成过程的三种输入②。

然而,通过上述讨论可以看出,基于复合范畴特定个体(范例)所获得的相关属性并非继承于源概念,因而不存在基于范例的概念合成过程,范例也不构成概念合成的输入。另外,概念合成中存在的因果效应也只能说明相关理论知识能对概念合成过程产生影响,而不能说明存在基于理论的概念合成过程。同时,根据本书第三章第五节、第五章第二节以及本节第二部分的讨论,理论并不构成一种独立的概念类型,不能独立支撑范畴化等认知过程。因而只有原型才能真正构成概念合成的输入,即只存在基于原型的概念合成过程,而不存在基于范例和理论的概念合成过程。进而可以看出,即使概念合成过程中的典型性效应、因果效应和范例效应能够证明存在原型和范例这样两种概念类型,以及作为概念组成部分的因果知识,也不能说明概念合成存在原型、理论和范例三种输入,更不能说明存在基于原型、理论和范例的三种概念合成过程以及原型、范例和理论三种异质性概念类型。因此,概念合成中存在的典型性效应、因果效应和范例效应不会构成对概念异质性假说的任何支持,既不支持概念异质性假说中的概念异质性原则,更不支持其过程异质性原则(并行式多过程理论)。

第四节 神经心理学论证检视

麦歇瑞认为神经心理学中的功能分离(functional dissociations)现象为其概念异质性假说中的多过程理论提供了第三种证据③。所谓功能分离,即受试在两种

---

① MACHERY E. Doing without Concepts [M]. Oxford: Oxford University Press, 2009: 212.

② HAMPTON J A. Overextension of conjunctive concepts: Evidence for a unitary model of concept typicality and class inclusion [J]. Journal of Experimental Psychology: Learning, Memory, and Cognition, 1988 (1): 378-383.

③ MACHERY E. Doing without Concepts [M]. Oxford: Oxford University Press, 2009: 134.

不同认知任务中的表现分别受到不同变量的不同影响。其中，单分离是指一个变量对受试在两种认知任务中的表现产生不同影响，比如某种脑损伤使受试失去长时记忆能力但对其短时记忆能力却没有影响。神经功能单分离如图4-4所示。双分离是指两个变量对受试在两种认知任务中的表现产生不同影响，比如某种脑损伤使受试失去长时记忆能力，而另一种脑损伤使受试失去短时记忆能力。然而，麦歇瑞所引用的神经心理学实验数据不仅不能真正支持其多过程理论，反而对其存在直接威胁。

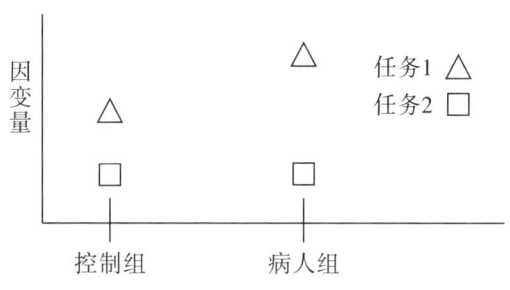

图4-4 神经功能单分离①

一、阅读双过程理论

根据神经心理学家柯赛特（M. Coltheart）等人提出的阅读双过程理论②，人们的阅读能力由两种认知过程支撑，一种认知过程应用拼音规则（phonetic rules）对书面语词进行阅读，另一种认知过程则直接在书面语词与其发音之间建立映射关系。其中浅度阅读障碍症使第一种过程变得混乱，而深度阅读障碍症使第二种过程变得混乱。然而，普劳特（D. C. Plaut）和冯·沃顿（G. C. Van Orden）等阅读双过程理论批评者则认为，这种神经心理学上的双分离现象与其所支持的单过程理论并不矛盾③，借助于辅助性假设，某些单过程理论也可以对这种现象进行

---

① MACHERY E. Doing without Concepts [M]. Oxford: Oxford University Press, 2009: 134.
② COLTHEART M, RASTLE K, PERRY C, et al. DRC: A dual route cascaded model of visual word recognition and reading aloud [J]. Psychological Review, 2001 (108): 204-256.
③ 单过程理论，即认为一种认知能力只有单一的一种认知过程支撑。

解释①。麦歇瑞进而认为，由于阅读双过程理论等多过程理论可以直接对这种双分离现象进行解释，而单过程理论则必须借助于更加不可信的辅助性假设，因而这种双分离现象构成支撑其多过程理论的证据。

然而，根据麦歇瑞提出的认知过程个体化第一项条件，如果两种认知过程（原指基于原型和范例的范畴化过程）涉及两种不同的神经系统，或者说两种不同神经系统（或脑区）受到损伤会造成相应认知功能的双分离，那么相应的两种认知过程很可能构成两种异质性的认知过程。同时，根据麦歇瑞提出的认知能力同一性充分条件，如果认知主体在一种语境下能够产生认知输出 X 必然导致其在另一种语境下产生同样的认知输出 X，那么在这两种语境下产生认知输出 X 就涉及同一种认知能力；而根据其提出的认知能力异质性充分条件，如果认知主体在一种语境下能够产生认知输出 X 并不必然促使其在另一种语境下也能够产生同样的认知输出 X，那么在这两种语境下产生认知输出 X 就涉及两种不同的认知能力②。因此，即使前述支撑阅读的两种过程能够构成两种异质性认知过程，其各自支撑的阅读能力也不构成同一种阅读能力，而是构成两种不同的阅读能力，两种过程所支撑的阅读能力之间并不能实现自由转换。因而在这种意义上，柯赛特等人提出的阅读双过程理论无论成立与否，均与麦歇瑞所主张的多过程理论没有直接联系。

二、范畴化多过程理论

格罗斯曼等人认为③，认知主体的范畴化能力受到多种认知过程的支撑，主要包括基于规则的范畴化过程和基于相似性的范畴化过程。其中，基于规则的范畴化过程指基于定义的范畴化过程，涉及背外侧前额皮层和前扣带皮层；基于相似性的范畴化过程则包括基于原型和范例的范畴化过程，涉及次级颅顶皮层④。

---

① MACHERY E. Doing without Concepts [M]. Oxford：Oxford University Press，2009：137.

② 关于认知能力个体化条件的讨论参见本章第二节。

③ GROSSMAN M, KOENIG P, DEVITA C, et al. The neural basis for category - specific knowledge：An fMRI study [J]. Neuroimage, 2002 (15)：936 - 948.

④ MACHERY E. Doing without Concepts [M]. Oxford：Oxford University Press，2009：213.

另外，格罗斯曼等人设计的相关实验及脑成像对比分析也表明，基于规则的范畴化过程和基于相似性的范畴化过程拥有不同的激活模式，这被认为是构成支持其范畴化多过程理论的直接证据。

然而，麦歇瑞却认为：一方面，格罗斯曼等人在实验过程中为了启动基于相似性的范畴化判断而给予受试的提示并没有真正启动其范畴化判断，实际上只是要求受试完成了相似性评估，因而在这两种认知任务中，不同的脑区被激活并不能为格罗斯曼等人的范畴化多过程理论提供有效支持；另一方面，即使人们在实验条件下能够进行基于规则的范畴学习与范畴化判断，但这并不能保证其生态有效性，不能保证人们在现实世界中也采用同样的方式进行范畴学习和范畴化判断。因此麦歇瑞认为，格罗斯曼等人的范畴化多过程理论并不能为自己的多过程理论提供直接有效的支持。

麦歇瑞并未直接将格罗斯曼等人的多过程理论作为支持自己多过程理论的有效依据，而是对其提出质疑，同时，也不认为其对自己的多过程理论构成威胁。更重要的是，无论格罗斯曼等人的多过程理论成立与否，均不会构成对麦歇瑞多过程理论的支持。一方面，即使神经心理学研究能最终证明确实存在基于规则和相似性的两种范畴化过程，但这两种范畴化过程也不可能构成麦歇瑞所主张的整体意义上的并行关系，而只能构成整体意义上的串行关系或局部意义上的并行关系①；另一方面，如果基于规则和相似性的两种范畴化过程真的涉及不同的脑区，那么根据麦歇瑞提出的认知过程个体化条件和认知能力个体化条件②，基于规则和相似性的两种范畴化过程很可能构成两种异质性的认知过程，但这两种认知过程所支撑的范畴化能力却不可能构成同一种认知能力，而是构成异质性的两种认知能力，两者之间不可能实现自由转换③。

---

① 详细讨论参见本章第一节。
② MACHERY E. Doing without Concepts [M]. Oxford：Oxford University Press，2009：123-124.
③ 详细讨论参见本书第三、第五章以及本章第一节、本节第一部分。

三、E. P. 患者的范畴化与识别功能分离

斯奎尔（L. R. Squire）和诺尔顿（B. J. Knowlton）的研究表明①，深度顺行和逆行失忆患者（简称 E. P. 患者）左右大脑的内颞叶均受到严重损伤，因而其陈述性记忆能力（即对特定事物进行有意识回忆的能力）被完全损毁，无法识别之前见过的任何事物（即使是连续出现 30 次的实验人员）。与此形成对比的是，健忘症患者的陈述性记忆能力只是部分受损。进一步的实验研究还发现，尽管 E. P. 患者的陈述性记忆能力已经完全丧失，但他们在某些实验条件下仍然能像正常受试一样完成范畴学习和范畴化任务，只是无法识别学习阶段呈现过的项目。在点阵变换范畴学习和范畴化任务（dot–distortion category task）中②，当受试患者被告知哪些点阵模式（dot patterns）属于同一范畴后，他们能够对新的点阵模式做出有效的范畴化判断，却无法识别出之前呈现过的点阵模式。因此，斯奎尔和诺尔顿认为，并非所有的范畴化判断都源自基于范例的范畴化过程，因为 E. P. 患者没有能力对呈现过的项目形成表征，就无法基于这些特定的呈现过的项目做出范畴化判断，即无法做出基于范例的范畴化判断，最合理的解释只能是受试患者在前期训练学习阶段已经形成了相关范畴的原型概念，并据此在测试阶段做出有效的范畴化判断③。

斯奎尔和诺尔顿的研究发现受到多方面的质疑。首先，洛索夫斯奇和扎基（S. R. Zaki）认为④，基于范例的单过程范畴化模型也能模拟 E. P. 患者中存在的范畴化和识别功能分离。同时，他们还认为，虽然健忘症患者的记忆识别

---

① SQUIRE L R, KNOWLTON B J. Learning about categories in the absence of memory [J]. Proceedings of the National Academy of Sciences of the United States of America, 1995 (92): 12470 – 12474.

② POSNER M I, KEELE S W. On the genesis of abstract ideas [J]. Journal of Experimental Psychology, 1968 (3): 353 – 363; POSNER M I, KEELE S W. Retention of abstract ideas [J]. Journal of Experimental Psychology, 1970 (2): 304 – 308.

③ MACHERY E. Doing without Concepts [M]. Oxford: Oxford University Press, 2009: 214 – 215.

④ NOSOFSKY R M, ZAKI S R. Dissociations between categorization and recognition in amnesic and normal individuals: An exemplar – based interpretation [J]. Psychological Science, 1998 (9): 247 – 255.

（memory discrimination）能力比正常人弱，但正常人的记忆识别能力经过一周时间以后同样也会减弱①，可是正常人仍能成功完成相关范畴化任务，因而较弱的记忆识别能力足以支撑人们的范畴化能力，只是不足以支撑人们的识别能力。对此，麦歇瑞认为②，洛索夫斯奇和扎基提出的基于范例的单过程范畴化模型并不适用于 E. P. 患者，因为其假定健忘症患者的陈述性记忆能力并未完全丧失，而 E. P. 患者则完全丧失陈述性记忆能力③。其次，帕尔曼尼（T. J. Palmeri）和弗拉奈里（M. A. Flanery）认为，即使没有经过训练学习阶段，受试也能在测试阶段利用测试项目之间的相似性做出范畴化判断，因而受试在训练学习阶段习得原型概念或范例概念对于其做出有效的范畴化判断是没有必要的④。由于健忘症患者并未完全丧失其陈述性记忆能力而仍然拥有部分短时记忆能力，帕尔曼尼和弗拉奈里进而认为健忘症患者能够在实验中完成点阵变换范畴化任务，并不能说明人们是如何习得概念和做出范畴化判断的。对此，麦歇瑞认为⑤，帕尔曼尼和弗拉奈里并没有真正证明受试（包括 E. P. 患者）在测试阶段完成范畴化任务时真的没有利用到其在训练学习阶段所获得的知识（原型或范例概念）。因为，如果受试在测试阶段完成范畴化任务时真的没有利用之前获得的知识，那么其在测试阶段早期的范畴化判断则会带有很大的随机性。最后，左颞叶被公认是与视觉范畴化最相关（最重要）的脑区⑥，但 E. P. 患者受损最严重的却是双边内颞叶，因而 E. P. 患者仍然保有范畴化能力并不能说明人们是如何做出范畴化判断的⑦。

---

① 即与测试阶段相比正常，受试在一周时间后对训练学习阶段所呈现项目的识别成功率明显降低。
② MACHERY E. Doing without Concepts [M]. Oxford: Oxford University Press, 2009: 216.
③ KNOWLTON B J. What can neuropsychology tell us about category learning [J]. Trends in Cognitive Sciences, 1999 (3): 123-124.
④ PALMERI T J, FLANERY M A. Learning about categories in the absence of training: Profound amnesia and the relationship between perceptual categorization and recognition memory [J]. Psychological Science, 1999 (10): 526-530.
⑤ MACHERY E. Doing without Concepts [M]. Oxford: Oxford University Press, 2009: 217.
⑥ 视觉范畴化是指对可视对象进行的范畴化。
⑦ MACHERY E. Doing without Concepts [M]. Oxford: Oxford University Press, 2009: 217.

麦歇瑞并未直接将斯奎尔和诺尔顿的研究发现作为支持自己多过程理论的有效依据，而是对其提出多种质疑，同时，也不认为其对自己的多过程理论构成威胁。更为重要的是，无论斯奎尔和诺尔顿的研究发现成立与否，均不会形成对麦歇瑞多过程理论的支持。如果斯奎尔和诺尔顿的研究发现最后被证明成立，即被证明至少存在基于原型和范例的两种范畴化过程，那么根据本章第一节的讨论，这两种范畴化过程也不可能构成麦歇瑞所主张的整体意义上的并行关系，而只能构成整体意义上的串行关系或局部意义上的并行关系。另外，如果斯奎尔和诺尔顿的研究发现最后被证明成立，基于原型和范例的两种范畴化过程存在神经功能分离或涉及不同的脑区，那么根据麦歇瑞提出的认知过程个体化条件和认知能力个体化条件，基于原型和范例的两种范畴化过程很可能构成两种异质性的认知过程，但这两种范畴化过程所支撑的范畴化能力却不可能具有同一性，而是构成异质性的两种认知能力，两者之间不可能实现自由转换。

通过以上分析可以看出，虽然神经心理学的各种研究发现均受到各方面的质疑，表面上看也不会直接威胁到麦歇瑞概念异质性假说中的多过程理论①，但根据其对认知能力和认知过程的刻画及其提出的认知能力和认知过程个体化条件②，如果这些神经心理学发现真的成立，则会对其构成直接威胁。

第五节　其他相关多过程理论检视

认知心理学的不同领域存在着多种类型的多过程理论，比如简单启发法工具箱多过程理论、道德判断双过程理论、显明式与隐含式概念习得多过程理论、双系统多过程理论等。虽然麦歇瑞试图用这些理论来支持自己的多过程理论③，但

---

① 实际上，麦歇瑞本人也并不认为神经心理学的这些研究发现会为其多过程理论提供直接支持。

② 详细讨论参见本章第一节和第二节。

③ MACHERY E. Doing without Concepts [M]. Oxford: Oxford University Press, 2009: 141-147.

实际上，这些多过程理论并不能真正支持麦歇瑞的多过程理论。其中，本章第一节已经论证了吉恩泽和托德等的简单启发法工具箱多过程理论以及格林和海特的道德判断双过程理论真正支持的是串行式多过程理论，而不是麦歇瑞的并行式多过程理论，本节将讨论阿什贝等的显明式与隐含式概念习得多过程理论以及斯坦诺维奇（K. E. Stanovich）和韦斯特（R. F. West）的双系统多过程理论。

一、显明式与隐含式范畴习得多过程理论

阿什贝等人认为①，认知主体在学习范畴或概念时至少包括两种范畴习得过程，即显明式（explicit）与隐含式（implicit）范畴学习过程。其中，显明式学习过程涉及对范畴知识中那些简单可陈述规则的学习能力，并与前额叶皮质、前扣带皮质（涉及注意力对相关候选规则的聚焦）和基底神经节头部（涉及候选规则之间的转换）相关；隐含式学习过程涉及对简单行为响应（behavioral responses）之间关联知识（associative knowledge）的学习能力（如语言响应及对范畴成员的感知等），而且这种学习过程可以获得某些形式的程序知识（类似于游泳和骑车等身体技能），并与基底神经节中尾状核的尾部（涉及前运动皮质的运动响应与下颞叶等视觉皮质激活之间的关联）相关。

阿什贝等人还认为，在范畴学习过程中只有当认知主体收到积极反馈时②，隐含式范畴学习过程才会启动，而且当隐含式范畴学习过程启动时，显明式范畴学习过程也会同时启动。一旦这两种过程同时启动且与相关的两种范畴化判断产生冲突，那么可信度最强的认知输出将会胜出。

从上述阿什贝等人提出的范畴学习多过程理论可以看出：一方面，如果显明式和隐含式两种范畴学习过程同时启动且产生认知冲突，那么原则上必然需要另外一种认知机制或过程来确定最终的认知输出，从这种意义上看，阿什贝等人的多过程理论实际上并不支持麦歇瑞的并行式多过程理论，而真正支持的是串行式多过程理论。另一方面，如果阿什贝等人所主张的两种范畴学习过程确实存在完

---

① ASHBY F G, WALDRON E M. The neuropsychological bases of category learning [J]. Current Directions in Psychological Science, 2000 (9): 10 – 14.

② 即认知主体对相关范畴化对象做出正确的范畴化判断时能够及时得到实验人员明确的肯定。

全不同的神经结构基础，而且两种过程涉及两种不同的输入-输出函数（相同的输入产生不同的输出），那么根据本章第二节讨论的认知过程个体化条件，这两种范畴学习过程很可能构成两种异质性认知过程而不是同一认知过程。但是，如果这两种范畴学习过程确实存在神经结构基础等根本性差异，那么基于这两种过程的认知能力也不可能构成同一种认知能力，两种认知能力之间由于其背后的实现机制存在根本性差异而不可能实现自由转换。因此，在这种意义上，阿什贝等人的范畴学习多过程理论也不能真正支持麦歇瑞的多过程理论。

二、双系统多过程理论

斯坦诺维奇和韦斯特认为，很多认知能力都由多种不同的认知过程支撑，这些认知过程分别构成系统1和系统2两种不同的认知系统[①]。其中，系统1指向一系列自动的、无意识的和无须计算的认知过程，这些过程是自然进化的结果，在过去有益于对环境的适应而不是为了产生当前环境中最理性或最适合的行为。与系统1相对应，系统2由那些有意识的、被特意启动的和需要计算的认知过程构成，这些过程通过形式规则（比如基于逻辑或概率理论的推理规则）解决相关问题。

同时，斯坦诺维奇和韦斯特也认为，由于构成系统1的相关认知过程是自发启动的，因而一旦遇到认知任务，系统1的认知过程就会即时启动。但由于构成系统2的认知过程是有意识的，遇到认知任务时，系统2的认知过程是否会启动则受到认知主体的理性控制。另外，如果系统1的认知过程与系统2的认知过程同时都被启动而且其认知输出产生冲突，那么系统2产生的认知输出会占据支配地位，两种系统的相关认知过程无论什么时候产生输出冲突，与系统2相关的认知过程产生的认知输出都会成为最终认知输出。

根据上述观点，一方面，当两种系统的相关认知过程产生认知输出冲突时，如果系统2相关的认知过程产生的认知输出不需要其他认知过程提供协调或综合机制而自动成为最终认知输出，那么系统1相关的认知过程与系统2相关的认知过程则完全不对等而不具有同等的地位，在这种意义上，斯坦诺维奇和韦斯特的

---

① MACHERY E. Doing without Concepts [M]. Oxford: Oxford University Press, 2009: 146-148.

双系统多过程理论并不能真正支持麦歇瑞所主张的并行式多过程理论。另一方面，由于系统 1 所包含的认知过程不需要计算，而系统 2 所包含的认知过程却需要计算，因而它们各自所支撑的认知能力分别拥有完全不同的实现机制，进而也不可能实现自由转换而构成同一种认知能力，在这种意义上，斯坦诺维奇和韦斯特的双系统多过程理论也无法支持麦歇瑞的多过程理论。

综合来看，无论是阿什贝等的范畴学习多过程理论还是斯坦诺维奇和韦斯特的双系统多过程理论，均不能为麦歇瑞的多过程理论提供真正有效的支持，因为这两种多过程理论刻画的认知过程与麦歇瑞在其多过程理论中刻画的认知过程并不一致，同时，这两种多过程理论中不同认知过程所支撑的认知能力也不满足麦歇瑞所提出的认知能力同一性充分条件而构成同一种认知能力，而是构成两种不同的异质性认知能力。

本章对麦歇瑞用以支持其并行式多过程理论的各种论证进行逐一检视。检视结果表明，一方面，理论并不能独立支撑范畴化等任何认知过程，不存在仅仅基于理论的支撑范畴化等认知能力的认知过程；另一方面，基于原型和范例的范畴化等认知过程并不构成整体意义上的并行关系，即并不构成支撑范畴化等同一种认知能力的两种异质性认知过程，亦即并不支持其主张的并行式多过程理论（过程异质性原则），而是构成整体意义上的串行关系，即支持本书主张的串行式多过程理论。

第五章
概念的自然类地位

传统概念消去论认为"概念"不能成功指向某种心理实体,因而应该从心理学理论词汇中消去。但麦歇瑞认为,传统概念消去论并不能有效消去"概念",只有科学消去论能使"概念"真正消去[①]。科学消去论(scientific eliminativism)是指,相对于大众概念而言,如果某个术语不能指向一种科学意义上的自然类,即不能指称一个合格的科学范畴,那么就应该将其从科学理论词汇中消去。本章结合发展心理学的最新研究及相关理论,分析范例、原型和理论形成过程之间的内在联系,以及因果知识的习得机制,认为概念在横向和纵向两种意义上完全符合麦歇瑞对自然类的因果刻画,完全有资格构成一种自然类范畴,因而"概念"理应继续在心理学或认知科学理论词汇中保留。

---

① MACHERY E. Doing without Concepts [M]. Oxford: Oxford University Press, 2009: 230.

第一节　概念消去论的两种进路

20世纪80年代和90年代相继出现了多种形式的消去论，包括反表征主义概念消去论、语境主义概念消去论、命题态度消去论等。麦歇瑞认为，这些传统形式的消去论都达不到真正消去"概念"的目的，因为传统的指称进路概念消去论有赖于确立一种唯一正确的指称理论，但无论是描述指称理论还是因果指称理论都无法获得支配性地位而被确立为唯一正确的指称理论，因而只有自然类进路概念消去论或科学消去论才能把"概念"从心理学或认知科学的理论词汇中真正消去。

一、指称进路概念消去论

指称进路消去论，即如果某种心理学术语（概念或命题态度等）不能指向一种相应的心理实体或者相应的心理实体并不存在，那么它就因为没有对应的指称对象而应该从心理学或认知科学理论词汇中消去。指称进路概念消去论包括反表征主义概念消去论、语境主义概念消去论、命题态度消去论等。

1. 反表征主义概念消去论

反表征主义概念消去论，主要包括动力系统说和具身机器人说两种进路[①]。以塞伦（E. Thelen）、史密斯（L. Smith）为代表的动力系统说进路和以布鲁克斯（R. A. Brooks）为代表的具身机器人说进路均认为，一些需要通过表征或基于表征的认知过程解释的认知现象，实际上用动力系统说和具身机器人说也可以解释，而动力系统说和具身机器人说在解释这些现象时并不涉及表征及其过程，即不使用任何表征就可以对其他大多数甚至全部认知现象进行解释。由于概念在本

---

① MACHERY E. Doing without Concepts [M]. Oxford: Oxford University Press, 2009: 220.

质上被认为是一种心理表征，因而对认知现象的解释可能并不需要概念。

为了支持反表征主义概念消去论，布鲁克斯对两类机器人的三种行为进行了对比，这三种行为包括在真实复杂环境下自由移动、避开其他运动物体以及到达指定地点。通过对比发现，第一类机器人虽然不涉及表征却能在真实复杂环境中自由运动，第二类机器人需要通过输入系统形成环境地图且只能在特别设置的空间内运动。布鲁克斯据此认为，第一类机器人（不需要表征的机器人）比第二类机器人（需要表征的机器人）表现得更为出色。因此，如果不需要基于表征的认知过程就可以产生这些行为，那么我们的绝大多数甚至是全部行为都可能不是基于表征过程产生的。

然而，麦歇瑞认为，反表征主义概念消去论者假定支持大部分甚至全部复杂行为的机制与解释简单行为的机制是类似的，但是他们却没有提供任何理由来支持这种经验假设。相反，表征主义认知科学却提供了大量反驳反表征主义的证据。同时，复杂心理现象的动力系统模型一般都假定存在表征[1]。另一方面，格鲁斯（R. Grush）认为，哺乳动物的物理行为经常会受到来自于肌肉组织的本体感受反馈的调节，当这种反馈无法及时到达大脑系统时，大脑则会模拟接受这种反馈的表征并及时协调相关物理行为[2]。

2. 语境主义概念消去论

史密斯（L. B. Smith）与萨缪尔森（L. K. Samuelson）认为，成功的范畴理论应该摒弃那些诸如"概念"这种永恒不变的抽象范畴。其论证过程[3]包括：①"概念"指称长时记忆中特定范畴"稳定的"知识体，即一个跨语境使用的不变的知识体；②经验证据表明，人们在推理、范畴化或进行语言理解时所使用的相关范畴的知识体却是跨语境"变化的"；③"概念"并没有任何真正的指称对象；④不存在"概念"这种范畴。另外，史密斯与萨缪尔森还认为，麦克洛斯基

---

[1] BUSEMEYER J, TOWNSEND J T. Decision field theory: A dynamic - cognitive approach to decision making [J]. Psychological Review, 1993 (100): 432 – 459.

[2] GRUSH R. In defense of some "Cartesian" assumptions concerning the brain and its operation [J]. Biology & Philosophy, 2003 (18): 53 – 93.

[3] MACHERY E. Doing without Concepts [M]. Oxford: Oxford University Press, 2009: 222 – 223.

（M. McCloskey）、格鲁兹堡（S. Glucksberg）的范畴化判断实验和巴沙劳的属性生成实验及典型性判断实验①，都表明概念是跨语境变化的②。

针对史密斯和萨缪尔森的论证，麦歇瑞认为：首先，当某个概念被检索时，该概念会根据当前的相关语境被适当调整，虽然被检索的是构成某个概念的整个知识体，但只有某些特定的部分以一种语境敏感性的方式被使用；其次，在某些特定语境下，概念之外的其他知识（如背景知识）也会被检索到；最后，语境主义概念消去论实际上是主张概念会随着语境变化而发生极端变化，但没有证据表明这种情况是真实存在的，因此概念"稳定性"与其"语境敏感性"并不冲突③。

同时，就史密斯和萨缪尔森提出的实验证据而言，麦歇瑞认为：一方面，麦克洛斯基和格鲁兹堡范畴化判断的实验结果可以用一种简单的范畴化模型进行解释，即当人们在完成诸如电梯是不是交通工具等范畴化任务时，如果电梯作为一种交通工具所拥有典型属性的数量足够多（达到做出肯定回答的正阈限值），人们则会明确地认为电梯属于交通工具；相反，如果其拥有典型属性的数量足够少（少于做出否定回答的负阈限值），人们就会明确认为电梯不属于交通工具；但如果其数量介于正负阈限值之间，人们就会被迫随机地做出任意一种范畴化判断，从而使范畴化任务所使用的概念看似是跨语境变化的。另一方面，巴沙劳的属性生成实验及典型性判断实验的结果所体现的概念跨语境变化程度实际上是很小的甚至是微不足道的。

3. 命题态度消去论

以丘奇兰德（P. M. Churchland）和史迪奇（S. P. Stich）为代表的命题态度消去论认为，作为命题态度的标记，"信念"等心理学术语是通过其概念在刻画相应心理状态中的作用定义的。然而，来自诸如神经心理学或人工智能的证据显示，并没有某种心理实体发挥这样的作用。因此，"信念"等命题态度本身并没

---

① MCCLOSKEY M, GLUCKSBERG S. Natural categories: Well-defined or fuzzy sets? [J] Memory, and Cognition, 1978 (6): 462-472.

②③ MACHERY E. Doing without Concepts [M]. Oxford: Oxford University Press, 2009: 223.

有指称对象，应该从心理学或认知科学理论词汇中消去①。

然而，克拉克（A. Clark）认为，究竟哪些属性刻画（或一般性概括）才可以构成"信念"等命题态度的定义本身，有待进一步追究②。同时，麦歇瑞认为③，是否存在经验证据表明真的没有任何心理实体来承载这种定义功能也尚待明确。更重要的是，即使按照描述指称理论真的无法确定"信念"等的指称对象，但按照因果指称理论，"信念"等命题态度却可以成功指向一组心理状态，而究竟哪种指称理论更优也有待进一步讨论。

上述三种消去论虽然存在形式上的差异，实际上它们却同属于一种论证模式，即指称进路概念论证模式。其中，反表征主义消去论支持者认为人们的认知活动并不需要表征，因而被定义为表征的概念本身并没有指称对象；语境主义概念消去论支持者认为实际上并不存在跨语境不变的关于某个范畴的知识体，因而并不存在作为稳定知识体的概念；命题态度消去论支持者同样认为信念等命题态度本身并没有指称对象。因此，"概念""信念"和"欲望"等命题态度没有真实指称对象的心理学术语都应该从心理学理论词汇中消去。

麦歇瑞认为，传统指称进路概念消去论能真正消去"概念"有赖于确立唯一一种正确的指称理论，而要在描述指称理论和因果关系指称理论中确立一种唯一正确的指称理论又依赖于直觉。然而，一方面，作为确定某专名或谓词是否拥有指称对象的依据，直觉随着文化背景的变化而变化。比如，西方人习惯于通过因果-历史联系或采用因果指称理论确定专名或谓词是否拥有指称对象，而东方人习惯于通过属性描述或采用描述指称理论确定专名或谓词是否拥有指称对象，但这两种方式往往相互冲突。另一方面，如果相同的专名或谓词在不同的文化背景下有不同的指称，那么传统的指称进路概念消去论就不得不同时承诺多种相互矛盾的指称判断。因而麦歇瑞认为不论是第一种情况还是第二种情况，传统的指称进路概念消去论都无法真正将"概念"从心理学或认知科学理论词汇中消去。

---

① MACHERY E. Doing without Concepts [M]. Oxford：Oxford University Press，2009：224.

② CLARK A. Associative Engines：Connectionism, Concepts, and Representational Change [M]. Cambridge, MA, US：The MIT Press, 1993：10.

③ MACHERY E. Doing without Concepts [M]. Oxford：Oxford University Press，2009：225.

二、自然类进路概念消去论

与指称进路概念消去论不同,科学消去论并不讨论"概念"是否拥有相应的指称对象,而认为"概念"并不拥有对经验科学而言至关重要的属性,不构成一种自然类,因而应该从心理学或认知科学中消去。科学消去论因此也被称为自然类进路概念消去论。自然类进路概念消去论,主要包括垂直论证科学消去论、水平论证科学消去论和异质性假说概念消去论。

1. 自然类

关于什么是自然类,学界一直没有形成统一的认识,其主要包括本质主义概念、柯里尔(J. Collier)的律则概念和麦歇瑞的因果概念三种刻画。

一些科学哲学家认为,自然类必须拥有某种所谓的本质,即一系列内在的并可以进行因果解释的属性,这些属性共同构成定义某个自然类的充分必要条件。自然类的这种概念也叫自然类的本质主义概念。比如,金属"金"即构成一个自然类,因为它拥有"原子量为79"这种本质属性,而且这种本质属性可以对该化学物质的其他相关属性进行因果解释。但是麦歇瑞认为,自然类的本质主义概念对于概念消去论的论证并没有什么帮助①。一方面,作为心理学类的心理状态是通过其因果作用或关系属性定义的,并不拥有所谓的本质;另一方面,自然类的这种本质主义概念限制性太强,按照这种刻画,生物学中的"物种"就不能构成一个自然类②。即使自然类的概念被扩充到足以涵盖心理状态等关系属性的程度,自然类的本质主义概念仍然是不恰当的,因为它无法适当地把决定范畴成员身份的属性与解释范畴成员为何共享某些特征的属性区分开来,如决定某个生物物种范畴成员身份的属性可以是其出身血统,但这种属性是历史性的,然而,该范畴成员之所以共享很多其他特征却可以通过其共同的外部环境来进行解释,而这种属性却是一种因果机制解释。

柯里尔认为,自然类是一种在律则中或者在不受时空限制并支持反事实的概

---

① MACHERY E. Doing without Concepts [M]. Oxford: Oxford University Press, 2009: 231 – 232.

② HULL D. A matter of individuality [J]. Philosophy of Science, 1978, 45: 335 – 360.

括中起重要作用的范畴，自然类的这种概念也叫自然类的法则论概念①。然而，福多认为心理学类只存在归纳概括，而不存在律则②。麦歇瑞也认为自然类的这种概念过于狭窄，几乎没有什么理论术语会在律则中发挥作用③。

麦歇瑞认为④，一个范畴要构成自然类，当且仅当这个范畴拥有大量的科学属性，并能最大程度地涵盖基于某些因果机制而倾向于拥有这些属性的范畴成员。自然类的这种概念，也叫自然类的因果概念。就自然类的因果概念而言，一方面，刻画自然类的全部属性不一定必然被该自然类范畴的所有成员同时拥有；另一方面，本质只是解释某个自然类范畴全体成员为什么共同拥有或倾向于共同拥有这些属性一种可能的因果机制⑤。

根据自然类的因果概念，自然类通常拥有如下四个方面的特征：①自然类的因果机制特征，即不同的因果机制分别解释范畴成员所拥有的不同属性，或者多种机制均可解释范畴成员的某一种属性，或者不同因果机制共同解释某一种属性；②自然类的嵌入及交叉结构特征，即一个自然类的子集往往也是自然类，同时该子集也往往构成其他自然类的子集；③自然类的属性多样性特征，即对自然类范畴成员进行归纳概括所形成的属性存在多种类型；④自然类的多样性特征，即自然类本身会随着不同的维度发生变化，这些维度包括因果机制的性质、因果机制的稳健性、归纳概括的数量及其性质等。

2. 科学消去论垂直论证

墨菲和史迪奇认为，我们可以针对诸如精神病学中的"抑郁症"这样的理论术语进行行为学、心理学、计算、神经心理学和化学等多方面的归纳概括，从而得到关于抑郁症不同类型的属性，而所有这些不同类型的属性适用于特定自然类

---

① MACHERY E. Doing without Concepts [M]. Oxford: Oxford University Press, 2009: 232.

② FODOR J A. Special sciences [J]. Synthese, 1974 (28): 97 – 115.

③ MACHERY E. Doing without Concepts [M]. Oxford: Oxford University Press, 2009: 232.

④ MACHERY E. Concepts are not a natural kind [J]. Philosophy of Science, 2005 (72): 444 – 467.

⑤ MACHERY E. Doing without Concepts [M]. Oxford: Oxford University Press, 2009: 233.

的每一个成员。然而，这些不同类型的属性相互之间实际上并不协调。当讨论到行为学、语境和神经心理学等刻画抑郁症的相关属性时，我们可以把抑郁症同时归属于类人猿和人类；而当讨论到其认知属性时，我们却只能排他性地将其归属于人类。由于其不同类型的属性分别指向了两种不同的生物学范畴，因而"抑郁症"这样的理论术语应该被消去[①]。

3. 水平论证科学消去论

在垂直论证科学消去论中，墨菲和史迪奇认为虽然可以对某个理论术语进行相关的科学概括，但其同时指向了多个自然类，因而应该被消去。与垂直论证科学消去论相反，水平论证科学消去论认为，如果一个理论术语（或范畴）K满足以下三项条件之一，该理论术语K则不能成功指向一个自然类，就应该被消去。这三项条件包括：①该范畴除了拥有用以自身识别的属性之外，没有其他属性（或科学概括），但其子范畴K_1，K_2，…，K_n却拥有诸多科学概括（或属性）；②那些假定只适用于范畴K的科学概括（或属性）实际上还适用于比其更大的范畴S，这些科学概括（或属性）之所以还适用于范畴S，只是因为范畴K属于范畴S的子范畴；③那些假定基于某些因果机制的科学概括（或属性）其实只是偶然的[②]。

4. 异质性假说概念消去论

基于麦歇瑞提出的 C 概念刻画、自然类的因果概念及水平论证科学消去论，其概念异质性假说认为，概念本身并不构成一个适用于心理学或认知科学的自然类，而且如果继续在心理学或认知科学中保留这个理论术语，将会从根本上阻碍认知科学的发展，因而应该把"概念"这个术语从心理学或认知科学理论词汇中消去。

以巴沙劳与普林茨等人为代表的一些概念心理学家和认知科学哲学家提出的概念自然类假设认为，概念所指向的知识体具有如下三个方面的特征：①构成概

---

① MACHERY E. Doing without Concepts [M]. Oxford: Oxford University Press, 2009: 237.

② MACHERY E. Doing without Concepts [M]. Oxford: Oxford University Press, 2009: 237-238.

念的各知识体倾向于拥有大量的共同属性；②这些知识体之所以拥有这些共同属性，是因为某些共同的因果机制；③这些共同的属性只属于这一类特定的知识体。基于这些特征，概念即构成一个自然类。

然而，麦歇瑞提出的概念异质性假说理论认为：第一，人们对每一个范畴（包括物质和事件等）一般都同时拥有几个不同的概念；第二，指称相同的这些概念之间很少拥有共同的属性，它们各自属于完全不同的概念类型；第三，有很好的证据表明，原型、范例和理论属于三种完全没有共同属性的不同概念类型；第四，原型、范例和理论一般都被应用于不同的认知过程中；第五，"概念"应该从心理学或认知科学理论术语中消去[①]。

从前述概念异质性假说的第一至第四条原则可以看出：一方面，"概念"这个范畴本身除了拥有用以自身识别的属性之外，没有其他属性（或科学概括），但其子范畴（如原型、范例和理论等）却各自拥有诸多科学概括（或属性）；另一方面，各子范畴看似共同的属性并非基于共同的因果机制，只是一种偶然的存在。至此，麦歇瑞认为"概念"这个范畴符合水平论证科学消去论的第一和第三项条件，因而并不构成一个自然类范畴，进而亦否定了巴沙劳与普林茨等人提出的概念自然类假说。

麦歇瑞进一步认为，从实用的角度，"概念"也应该从心理学词汇表中消除，而用"原型""范例"和"理论"来替代。如果继续保留"概念"，则会让一些心理学家认为它指向一个自然类。如果消去，反对自然类假设的心理学家将会抑制其他心理学家继续坚持自然类假设，还可以消除三种范式支持者之间的争论，把心理学家的注意力吸引到异质性假说提出的更有意义的问题上来，包括明确各种理论范式中正确的概念理论究竟有哪些，三种基本概念类型及其支撑的认知过程有什么本质，以及完成某种认知能力的多个认知过程如何启动（同时启动还是分别启动）等问题。

总体看来，麦歇瑞对传统指称进路概念消去论的反驳及其自然类进路概念消去论都不能成立。

无论传统指称进路概念消去论是否成立，其诉诸直觉以确立描述指称理论或因果指称理论的优先地位只不过是一种稻草人论证。事实上，作为一种心理倾

---

① MACHERY E. Doing without Concepts [M]. Oxford：Oxford University Press，2009：4.

向，直觉不仅存在明显的跨文化差异，即使在完全相同的文化背景下，不同的个体之间也存在明显的差异，因而任何诉诸直觉的论证都是不严谨的。明知不严谨而仍然采用这种论证方式则有稻草人论证的嫌疑。

通过这种不严谨的方式论证描述指称理论和因果指称理论的优先地位不确定也是无效的。根据本书第三章第一节关于概念与其刻画对象之间指称关系的确立模型，通过概念知识（概念的语义内容）确立概念与其刻画对象之间的指称关系只是确立指称关系的一种间接方式，而能否通过这种间接方式成功确立指称关系则有赖于概念知识本身是否能够全面、准确地刻画其指称对象，尤其需要包含对其指称对象某些诊断属性的刻画，以便足够对其指称对象进行个体化判断或识别。然而，判断某种概念中是否包含足以对其指称对象进行个体化判断或识别的知识是一个不断完善的认知过程，因而描述指称理论本身并不存在问题，问题是被用于确立指称关系的那些描述性知识是否充分。与描述指称理论相对应，因果指称理论主张通过概念与指称对象之间的因果-历史关系来确立彼此之间的指称关系，这无疑是一种确立指称关系的直接方式，也是最有效的方式。一旦通过这样的直接方式确立了概念与其对象之间的指称关系，无论指称对象发生什么样的变化，只要其一直保持时间或空间上的连续性，则这种指称关系一直成立①。由此可以看出，通过因果-历史关系直接确立指称关系，相对于通过描述性概念知识间接确立指称关系，具有更高的效力，因果指称理论相对于描述指称理论具有更优越的地位。

第二节　范例、原型及理论概念的逻辑依存

概念异质性假说认为，作为三种基本概念类型的范例、原型和理论之间不存在基于因果机制的共同属性，然而发展心理学的研究表明，范例、原型和理论的形成存在明显的递进顺序和依存关系，三者共同构成概念不可或缺的组成部分。

---

① 限于篇幅和论证结构，本书不展开讨论描述指称理论和因果指称理论的关系。

一、从范例到原型

布鲁克斯、马丁和沙费尔等人认为,概念为一系列的范例,而范例则是关于某个特定范畴成员所拥有若干属性的知识体。罗施、汉普顿和史密斯等人认为,概念即原型,而某个范畴的原型则是关于该范畴成员所拥有属性的统计知识体。从范例和原型的基本刻画可以看出,大量范例的存在,是且必然是形成原型的基础。一方面,只有存在大量的范例,才能从中抽象出作为统计知识体的原型;另一方面,针对任何一个范畴其范例数量必然是巨大甚至是无限的。在这方面,洛索夫斯奇甚至认为每次遇见某个特定范畴成员时都会形成一个范例。进一步看,在每次遇见某特定个体时所形成的范例数量也应该是巨大甚至是无限的,即在每次遇见过程中的每一个时刻都会形成一个存在不同程度差异的范例。因此,相对于有限的认知资源(如有限的长时记忆容量等),这些各不相同且数量巨大甚至是无限的范例有必要(至少在某些条件下)浓缩成单一的原型。也正是在这种意义上,有些范例模型认为某个范例本身就是通过其他一系列范例形成的[①]。

虽然概念原型说在20世纪70年代已经相当成熟,然而,后来出现的作为其竞争理论的概念范例说并不承认原型是一种基本概念类型,而认为可以用范例说来解释原型说用以证明原型概念存在的典型性效应。

其中,巴沙劳认为,在概念学习过程中不会形成原型并用于范畴化过程,记忆中只存在范例或临时产生的原型,而且原型与范例原则上是信息等价的,因而也难以明确在相关认知过程中究竟涉及哪种概念。然而巴沙劳的这种质疑并没有找到实质性的证据,而且很显然不符合经济性原则和认知资源有限性假设。同时,从概念的表征和指称功能来看,任何一个拥有大量个体成员的范畴都不需要也不可能用巨量的范例概念来表征或指称。

另外,马丁和沙费尔认为[②],在支持原型概念存在的典型性效应实验中,受试之所以能够更快、更准确地对那些最典型却没有在学习阶段呈现过的项目进行范畴化,而对那些在学习阶段已经呈现但不具典型性的项目则相对较慢且准确率

---

① MACHERY E. Doing without Concepts [M]. Oxford: Oxford University Press, 2009: 93.
② MEDIN D L, SCHAFFER M M. Context theory of classification learning [J]. Psychological Review, 1978 (3): 214.

较低，只是因为最具典型性的项目在范畴化过程中与每个范例都比较相似，而不具典型性的项目只与其中特定的范例高度相似，所以前者与全部范例的综合相似度更高，进而能够更快、更准确地进行范畴化。由此，典型性效应便不能支持原型概念的存在，马丁和沙费尔的这种解释在20世纪80年代和90年代成为反对原型概念学说的广泛共识①。

然而，马丁和沙费尔对原型概念说的这种反驳是完全无效的。总体上看，在相关典型性效应实验中，相对于那些在学习阶段已经呈现但并不典型的项目，受试对那些最具典型性但在学习阶段没有呈现过的项目进行范畴化的速度和准确性并没有明显的优势。以波斯纳（M. I. Posner）和基尔（S. W. Keele）具有代表性的变形点阵范畴化实验研究为例，当受试结束学习阶段后立即接受范畴化任务测试时，那些最典型的但之前并未呈现过的项目被范畴化的准确率明显高于其他未呈现过的项目，但略微低于那些非典型的但之前呈现过的项目②。而在波斯纳和基尔的类似实验中③，当受试在学习过程结束一段时间后再接受范畴化任务测试时，那些最典型但之前未呈现过的项目被范畴化的准确率则高于其他呈现过的项目④。通过波斯纳和基尔的实验研究可以看出：

第一，波斯纳和基尔的实验结果显示那些最典型的但之前未呈现过的项目被范畴化的准确率要略低于（不是高于）其他呈现过的项目，只是在波斯纳和基尔的延迟实验中前者才高于后者。因而马丁和沙费尔的反驳论证并没有明确的反驳对象，是一种稻草人式的反驳。

第二，即使波斯纳和基尔的实验结果表明，那些最典型的但之前未呈现过的项目被范畴化的准确率要低于其他呈现过的项目，也只能在一定程度上说明范例效应的存在，而不能真正说明典型性效应不存在，因为那些典型的但之前未呈现过的项目被范畴化的准确率要明显高于其他未呈现过的非典型项目，这一结果本

---

① MACHERY E. Doing without Concepts [M]. Oxford: Oxford University Press, 2009: 171-172.

② POSNER M I, KEELE S W. On the genesis of abstract ideas [J]. Journal of Experimental Psychology, 1968 (3): 353-363.

③ POSNER M I, KEELE S W. Retention of abstract ideas [J]. Journal of Experimental Psychology, 1970 (2): 304-308.

④ MACHERY E. Doing without Concepts [M]. Oxford: Oxford University Press, 2009: 167.

身已经足够支持典型性效应的存在。因此存在范例效应和存在典型性效应之间并不必然且不必要构成相互否定的关系，而更应该是共存关系。

第三，根据大多数基于范例的范畴化模型中所遵循的非线性相似性计算规则，当某个对象与特定的范例高度相似而另外某个对象与其他范例中度相似时，前者更容易被范畴化。同时，马丁和沙费尔在范畴化的语境模型中所采用的乘法规则也明确承诺这种观点，但这与其反驳典型性效应的理由自相矛盾。相反，在波斯纳和基尔的实验中，那些最典型但之前并未呈现过的项目被范畴化时的准确率之所以略微低于那些之前呈现过的项目，正好得到了有力的解释。

第四，在波斯纳和基尔的延迟实验中，那些最典型但之前没有呈现过的项目被范畴化的准确率确实明显高于其他之前呈现过的项目。这并不是因为马丁和沙费尔所认为的，典型性项目与全部范例的综合相似度高于之前呈现过的项目，更可能是因为经过一段时间后，之前形成的每个范例相对于原型被更快地遗忘。每个范例之所以被更快地遗忘，则可能是因为每个范例所表征的特定项目的相关属性被呈现的频次相对较少，而原型所表征的所有项目的公共属性被呈现的频次相对较多，进而受试对原型的记忆可能比范例要深刻得多。

第五，在斯奎尔和诺尔顿对深度顺行性和逆行失忆患者（E.P.患者）进行的变形点阵范畴化实验研究中，失忆患者能够跟正常人一样对学习阶段没有呈现过的典型项目进行范畴化，却不能识别学习阶段反复呈现过的项目[①]。虽然不同学者对这一研究发现有不同的解释，但最佳解释是，失忆患者在学习阶段成功习得了相关范畴的原型概念。因为，如果失忆患者没有习得相关范畴的原型概念，他不仅不能有效识别之前反复呈现过的项目，更不能识别之前没有呈现过的项目，而不论其典型与否。

巴雷拉和莫勒等人的实验研究表明，儿童最早在三个月时开始拥有范例概念，即开始具备从陌生面孔中识别母亲面孔的能力[②]。而鲁本斯坦（A. J. Rubenstein）等人的实验研究表明，儿童最早在六个月时开始拥有原型概

---

① SQUIRE L R, KNOWLTON B J. Learning about categories in the absence of memory [J]. Proceedings of the National Academy of Sciences of the United States of America, 1995 (92): 12470 - 12474.

② BARRERA M E, MAURER D. Discrimination of strangers by the three - month - old [J]. Children Development, 1981 (52): 558 - 563.

念,即开始具备从熟悉面孔或原型面孔中识别陌生面孔的能力[1]。从巴雷拉及鲁本斯坦等人的研究发现中可以看出,在概念的实际学习过程中,儿童先习得相关范畴的范例概念,然后才习得其原型概念。这些实验研究结果进一步验证了之前的理论研究结论,即范例概念是原型概念形成的必然基础,必须先形成范例概念才能形成原型概念。

郎格卢瓦(J. H. Langlois)和罗格曼(L. A. Roggman)等人的计算机模拟研究表明,用32张面部照片生成的面部原型,与其他任何32张完全不同的面部照片生成的面部原型高度相似[2]。这类研究成果对进一步研究范例概念向原型概念的转化机制具有积极的启发甚至指导意义。

从以上分析可以看出,原型和范例构成既彼此独立又紧密联系的两种概念类型,即在形成范例概念的基础上,必将进一步形成原型概念,进而概念原型学说和概念范例学说也不是两种相互竞争和排斥的理论,而是既相互补充又彼此独立的整个概念学说的组成部分。

二、基于范例和原型的理论概念

墨菲和马丁等人认为,概念即理论,亦即一个范畴的概念储存着能够解释其成员之所以拥有各种属性的理论知识[3]。虽然具有解释功能的理论知识包括因果知识、律则知识及功能知识等,但作为一种概念类型的理论,主要是指因果知识,尤其是指因果机制知识。也就是说,一个范畴的概念中所储存的理论知识,主要用来解释范畴成员之间为什么拥有共同的属性以及这些属性之间的相互关系。理论知识中的律则知识也能起到解释的作用,但其解释效力并不强,仍然有待寻求进一步的因果机制进行较为彻底的因果解释。功能知识的解释效力,归根到底也源于相应的因果机制。另一方面,索贝尔(D. M. Sobel)和柯卡汉姆(N. Z. Kirkham)的实验研究表明,八个月大的儿童的因果知识源于其对统计律则

---

[1] RUBENSTEIN A J, KALAKANIS L, LANGLOIS J H. Infant preferences for attractive faces: A cognitive explanation [J]. Developmental Psychology, 1999 (3): 848–855.

[2] LANGLOIS J H, ROGGMAN L A. Attractive faces are only average [J]. Psychological Science, 1990 (1): 115–121.

[3] MURPHY G L, MEDIN D L. The role of theories in conceptual coherence [J]. Psychological Review, 1985 (3): 289–316.

信息的感知①，而图美特沙梅尔（K. S. Tummeltshamer）等人的实验研究表明，八个月大的儿童开始对统计信息的可靠性做出响应和跟踪，并能够选择使用可靠性更高的统计信息②。

安（W. K. Ahn）等人的实验研究表明③，当某个范畴拥有三个因果中心性（因果地位）依次递减的共同属性 A、B、C（即属性 A 出现必然引起属性 B 出现，而属性 B 出现又必然引起属性 C 出现）时，拥有属性 A 而没有属性 B 和 C 的个体比拥有属性 B 和 C 而没有属性 A 的个体更容易被判定为该范畴成员。相应的，拥有属性 B 而没有属性 C 的个体也比拥有属性 C 而没有属性 B 的个体更容易被判定为该范畴的成员。另外，瑞德尔的实验研究表明，如果某个体拥有的一组属性存在内部因果关系，那么更容易被范畴化④。比如，某动物拥有三种属性（有翅膀、不会飞和在地上筑巢），另一个动物也拥有三种属性（有翅膀、不会飞和在树上筑巢），前者由于其三种属性之间存在因果关系而更容易被范畴化为鸟类⑤。从上述研究成果以及史密斯和索罗门等人的研究成果可以看出，某些情况下因果知识在范畴化等认知过程中确实发挥着至关重要的作用，进而表明某些范畴的概念中确实包含某些形式的理论知识⑥。

由于概念理论说认为一个范畴的概念储存着能够解释其成员属性的理论知识，因而对范畴成员所拥有的共同属性进行准确表征是形成相应理论知识的基

---

① SOBEL D M, KIRKHAM N Z. Bayes nets and babies: Infants' developing statistical reasoning abilities and their representation of causal knowledge [J]. Developmental Science, 2007 (3): 298 – 306.

② TUMMELTSHAMMER K S, WU R, SOBEL D M, et al. Infants track the reliability of potential informants [J]. Psychological Science, 2014 (9): 1730 – 1738.

③ AHN W K, KIM N S, LASSALINE M E, et al. Causal status as a determinant of feature centrality [J]. Cognitive Psychology, 2000 (41): 361 – 416; AHN W K, LUHMANN C C. Demystifying theory – based categorization [C] // GERSHKOFF – STOWE L, RAKISON D. Building object categories in developmental time. Mahwah, NJ, US: Lawrence Erlbaum Associates Publishers, 2004: 277 – 300.

④ REHDER B. A causal – model theory of conceptual representation and categorization [J]. Journal of Experimental Psychology: Learning, Memory, and Cognition, 2003 (6): 1141 – 1159.

⑤ MACHERY E. Doing without Concepts [M]. Oxford: Oxford University Press, 2009: 188 – 191.

⑥ SMITH E E, SLOMAN S A. Similarity – versus rule – based categorization [J]. Memory, and Cognition, 1994 (4): 377 – 386.

础,而一个范畴的范例或原型正是表征这些共同属性的基本概念类型。因此,就概念的三种形式(范例、原型和理论)而言,范例概念或原型概念是形成理论概念的必然前提。结合前述原型概念和范例概念形成过程之间的依存关系,范例、原型和理念三者之间的逻辑关系如图5-1所示。

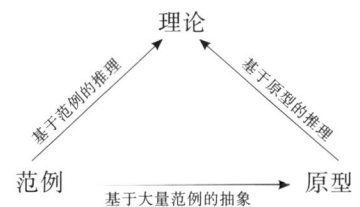

图5-1 范例、原型和理论三者之间的逻辑关系

第三节 两种因果知识学习模型

如何习得理论知识(主要是因果知识)一直是认知科学领域重点探讨的前沿问题。近二十多年以来,该领域的学者陆续提出了多种较有影响力的因果知识和律则知识学习模型,但都存在不同程度的不足。本节将介绍一种非常重要的因果知识学习模型(CLA 模型)并进行简要评价,进而基于近期认知发展的研究发现,构建一种新的因果知识学习模型(VEMACK 模型)。

一、因果认知发展的 CLA 模型

科恩(L. B. Cohen)等人提出[①],儿童的认知发展过程遵循六项信息处理原则(IPPs):①儿童拥有一套先天的信息处理系统;②在儿童的学习或成长过程中,逐步形成从简单低级单元到复杂高级单元的信息处理能力;③高级信息单元

[①] COHEN L B, CHAPUT H H, CASHON C H. A constructivist model of infant cognition [J]. Cognitive Development, 2002 (17): 1323–1343.

构成更高级信息单元的组成部分；④信息处理过程中存在优先使用最高层级信息单元的倾向；⑤如果无法获取更高层级的信息单元，则使用下一级的信息单元；⑥这种学习系统适用于儿童的整个认知发展过程和所有认知领域。

以 IPPs 为总体设计指南，科恩等人进一步结合柯沃楠（T. Kohonen）的自组织地图模型（SOM），提出了旨在模拟儿童各种认知能力形成过程的构建主义学习框架（即 CLA 模型），并通过模拟和解释儿童因果认知能力的形成过程对该模型进行检测。其中，每一层 SOM 都构成一个基于神经科学且不受监控的学习系统，而最底层的 SOM 会把最初的知觉信息转换成一组位于同一地形图中的原型，进而第二层级的 SOM 再把第一层地形图所表征的信息转换成另一组原型地图。同样的，根据实际需要，更高层级的 SOM 会不断出现。同时，不同层级的 SOM 之间通过赫伯学习算法彼此连接，从而构成一个基于神经科学的、自下而上的、从简单到复杂的 CLA 学习系统。儿童因果认知发展的 CLA 模型简图如图 5 - 2 所示。

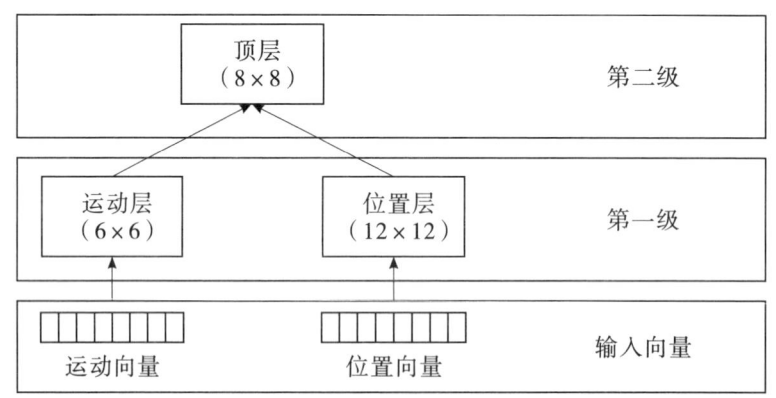

图 5 - 2　儿童因果认知发展 CLA 模型简图①

科恩等人应用 CLA 模型对儿童在台球撞击实验中的因果认知形成过程进行模拟发现②，儿童对因果事件的学习过程完全遵循 IPPs，且与之前其他人的研究结果完全一致，特别是重现了莱斯利（A. M. Leslie）和基伯（S. Keeble）曾发现过的因果连续性效应，即台球撞击实验中四种事件的因果性呈现出递减关系，即直

---

①② COHEN L B, CHAPUT H H, CASHON C H. A constructivist model of infant cognition [J]. Cognitive Development, 2002 (17): 1323 - 1343.

接撞击事件（因果事件）＞间隙事件＞延迟事件＞延迟＋间隙事件（非因果事件）。该因果连续性效应如图 5-3 所示，其中直接碰撞事件的因果性最强，延迟＋间隙碰撞事件的因果性最弱（没有因果性）。

图 5-3　基于时空因素的因果连续性效应[①]

从信息处理技术的角度看，CLA 模型作为一种能够有效模拟和解释因果知识习得过程的理论建构，无论是作为其设计指南的信息处理原则（IPPs），还是作为其信息处理核心机制的自组织地图模型（SOM），都是目前最为完整的认知理论。然而，就因果知识习得过程而言，作为一般信息处理理论的 CLA 模型还存在明显不足，主要表现在以下三个方面。

第一，作为因果关系可以被直接知觉到的重要属性，时空连续性无疑是认知系统需要重点和综合处理的核心认知内容之一。然而，CLA 模型中作为自发信息处理机制的 SOM 系统并没有提供一套能够把时空连续性中的时间信息和空间信息真正融合起来的有效机制。事实上，当应用 CLA 模型对因果知识的习得过程进行模拟时，代替时间和空间这两个初始变量输入 SOM 系统的是速度和位置变量。然而，速度变量作为时间和空间变量的因变量并不能真正替代时间变量，即时间变量作为比速度变量更加基础的变量，在对时空连续性的感知方面具有无法替代的地位。因而在这种意义上，认知系统中应该存在一种专门处理时间变量的认知机制。梅耶（K. Meyer）和达马西奥（A. Damasio）的研究正好表明，大脑中存在一种记录同时激活模式的所谓发散收敛功能区（CDZs）[②]。

第二，虽然 CLA 模型能够在一定程度上模拟和解释因果知识的形成过程，但并未涉及因果律则和因果机制等与因果知识直接相关的概念，而这些概念是构成整个因果知识习得机制不可或缺的内容。

第三，由于因果关系本身具有抽象性，特定的伴随事件之间是否真正存在因

---

① COHEN L B, CHAPUT H H, CASHON C H. A constructivist model of infant cognition [J]. Cognitive Development, 2002（17）: 1323-1343.

② MEYER K, DAMASIO A. Convergence and divergence in a neural architecture for recognition and memory [J]. Trends in Neurosciences, 2009（7）: 376-382.

果关系只能通过因果律则、时空连续性及因果机制等进行间接确认,而认知主体对特定因果关系的确认度是一个连续变量,需要一种机制来明确这种确认度达到多少时,相应的伴随关系才能被确立为因果关系,但 CLA 模型并没有提供这样一种判断机制。

二、习得因果知识的 VEMACK 模型

作为人类感知和理解外部世界的中介,因果知识是指关于原因和结果这对范畴之间引起与被引起关系的知识。由于原因与结果这对事件(或现象)范畴之间存在必然的关联,即特定的原因事件必然引起相应的结果事件,特定的结果事件必然由相应的原因事件引起。因此,因果知识主要包括因果关系知识和因果机制知识两个部分,其中因果关系知识是关于特定因果事件之间是否存在引起与被引起关系的知识,而因果机制知识是关于特定因果事件之间如何形成引起与被引起关系的知识。又由于因果关系及其因果机制本身都无法被直接感知,因而要确定特定因果事件之间的因果关系,必须通过对其表现形式——因果律则和时空连续性的感知以及对其因果机制的探究。

以下是关于因果知识习得过程的六条原则。这六条原则初步构成一套比较完整的因果知识习得机制,即因果知识习得的确认 – 解释模型(Verifying and Explaining Mechanisms of Acquiring Causal Knowledge),简称 VEMACK 模型。

1. 因果关系知识首先表现为对因果律则的感知

现实世界中,由于各种偶然因素的干扰,同样的因果事件很难在短时间内集中重复出现,原因事件与结果事件之间存在的引起与被引起关系,只能以大概率的形成表现出来,即特定的因果关系必然表现为特定的统计律则,统计律则是因果关系一种必然的自然表征。然而,并非所有的统计律则都有对应的因果关系,只有那些存在对应因果关系的统计律则,才能真正成为因果律则,因而对因果关系的感知,首先表现为对因果律则的感知,即因果关系知识首先表现为因果律则知识。索贝尔(D. M. Sobel)和柯卡汉姆(N. Z. Kirkham)的研究表明,儿童的因果推理过程包含对统计律则的学习,在进行因果推理之前需要先行习得相应的统计律则,而学习效率和训练频次,则是儿童习得相应统计律则并进行有效因果

推理的直接影响因素①。布坎南（D. W. Buchanan）和索贝尔的实验研究表明，3~4岁的儿童最初可能通过识别不同事件之间的统计关系来进行因果推理，但他们同时也会寻求支持这些统计关系的因果机制并逐渐形成对这些因果机制的理解能力②。综合这些实验发现表明，习得统计律则知识是儿童习得和应用因果关系知识的必要前提，且这些统计律则知识本身构成其因果关系知识不可或缺的组成部分。

2. 因果关系知识最早源于认知主体的统计抽象能力

同理，由于原因事件与结果事件之间存在的因果关系必然也只能以大概率的形成表现出来，即特定的因果关系首先表现为特定的统计律则，因而认知主体在没有形成统计抽象能力之前，不会感知到任何表现特定因果关系的统计律则，没有能力获得任何因果关系知识。莱斯利的实验研究表明，6.5个月的儿童至少能够部分基于事件的因果性做出响应③；科恩和阿姆塞尔（G. Amsel）的实验研究发现，4个月、5.5个月和6.25个月的儿童对简单因果事件和非因果事件的响应都表现出从知觉到因果性的过渡，即越小的儿童越依靠事件的知觉属性做出响应，而6.25个月的儿童开始具备因果感知能力④；鲁本斯坦等人的实验研究表明，儿童最早6个月时开始拥有原型概念，即开始具备从熟悉面孔或原型面孔中识别陌生面孔的能力⑤。所有这些实验发现表明，6个多月的儿童开始拥有统计抽象能力并应用这种能力获得原型概念知识和因果关系知识，而不同实验结果的细微偏差，则可能源于不同受试的个体差异或实验设计中存在的差异。

---

① SOBEL D M, KIRKHAM N Z. Bayes nets and babies: Infants' developing statistical reasoning abilities and their representation of causal knowledge [J]. Developmental Science, 2007 (3): 298-306.

② BUCHANAN D W, SOBEL D M. Mechanism - based causal reasoning in young children [J]. Child Development, 2011 (6): 2053-2066.

③ COHEN L B, CHAPUT H H, CASHON C H. A constructivist model of infant cognition [J]. Cognitive Development, 2002 (17): 1323-1343.

④ COHEN L B, AMSEL G. Precursors to infants' perception of the causality of a simple event [J]. Infant Behavior and Development, 1998 (4): 713-732.

⑤ RUBENSTEIN A J, KALAKANIS L, LANGLOIS J H. Infant preferences for attractive faces: A cognitive explanation [J]. Developmental Psychology, 1999 (3): 848-855.

3. 因果律则知识有待于因果事件时空连续性的上向确认

既然因果知识是关于特定因果事件之间引起与被引起关系的知识，那么特定因果事件之间必然存在时空连续性，即原因事件的结束与结果事件的开始在时间和空间两方面都是紧密衔接的，两者之间在空间方面不存在物理性的间隙，同时在时间方面也不存在延迟。因而，如果特定的统计律则所对应的伴随事件（所谓的因果事件）之间不存在时空连续性，那么该统计律则就不可能成为因果律则，其对应的伴随事件之间只能存在统计意义上的伴随关系而不可能存在必然的因果关系，同时，对该统计律则的感知也不可能构成相应的因果关系知识。相反，只有那些与存在时空连续性的伴随事件相对应的统计律则，才有可能在较大程度上成为因果律则，相应的伴随事件才有可能在较大程度上成为因果事件，同时对统计律则的感知也才有可能在较大程度上构成相应的因果关系知识。图美特沙梅尔等人的实验研究表明[①]，8个月的儿童对信息的统计可靠性比较敏感并会有选择性地使用相关信息。实验结果还表明，儿童很小就能够跟踪信息的可靠性，并能审慎地使用这些可靠的信息对自己未来的行为进行调整。科恩等人应用CLA模型成功模拟和解释了6.25个月儿童识别小球撞击实验中，作为因果事件的直接撞击事件、作为非因果事件的非接触撞击事件以及延迟启动撞击事件[②]。这些实验发现表明，只有基于时空连续性的"原因事件"与"结果事件"之间的关系，才会被理解为真正的因果关系，也只有对这种时空连续性的感知，才能将所谓的因果律则知识转化为真正的因果关系知识。

4. 对时空连续性的感知有待于因果律则的下向确认和因果机制的上向确认

由于伴随事件之间的时空连续性只是构成其成为因果事件的必要条件而不是充分条件，即存在时空连续性的伴随事件之间并不必然存在因果关系。但如果特定的伴随事件之间不仅存在时空连续性，同时这种伴随现象本身即构成一种大概率事件，那么伴随事件之间则有较大可能存在因果必然联系而成为因果事件。比

---

① TUMMELTSHAMMER K S, WU R, SOBEL D M, et al. Infants track the reliability of potential informants [J]. Psychological Science, 2014 (9): 1730–1738.

② COHEN L B, CHAPUT H H, CASHON C H. A constructivist model of infant cognition [J]. Cognitive Development, 2002 (17): 1323–1343.

如，在科恩等人的小球撞击实验中，如果只是感知到 A 球接触 B 球后立即静止且 B 球立即启动[①]，则不能完全确立 A 球接触 B 球后立即静止这一"原因事件"与 B 球被接触后立即启动这一"结果事件"之间的因果关系。但是，如果"结果事件"伴随"原因事件"发生能够构成一种统计规律，则可以基本确立两者之间的因果关系（虽然尚不能完全确立两者之间的因果关系）。另外，由于两球在接触过程中并不一定存在力的相互作用，如果没有力的相互作用，那么 A 球接触 B 球后立即静止且 B 球被接触后立即启动则另有原因。因而要完全确立"原因事件"与"结果事件"之间的因果关系，还有待于确认隐藏在该"因果事件"伴随关系（或时空连续性）之下的特定因果机制。

索贝尔等人的实验研究表明[②]，4 岁的儿童能够通过因果属性对物体的内部结构进行推理，而 3 岁的儿童更加依赖于物体的外部知觉属性。这些实验结果进而表明，4 岁的儿童已经开始理解人造物内部结构与其因果属性之间的关系。索贝尔和布坎南的实验研究发现[③]，当被要求对物体内部属性进行推理时，4 岁和 5 岁的儿童都倾向于做出因果响应，但后者的倾向性更加明显。另外，4 岁儿童能够感知到远距离起作用的因果属性，并在没有知觉冲突的情况下运用这些因果属性进行推理。这些发现表明儿童很早就开始形成对特定因果机制的理解能力。额本（C. D. Erb）等人的实验研究发现[④]，当被要求判定那些灯的内部结构更为复杂时，4 岁的儿童倾向于把具有外部多变性效应（轮流呈现不同颜色）的灯与复杂的内部机制关联起来，同时把具有稳定外部效应（呈现单一颜色）的灯与简单的内部机制关联起来，而 3 岁儿童的响应则比较随机。这表明 4 岁儿童能够理解（起码在很小的程度上理解）物体因果效应的多变性与其内部机制的复杂性相关联。综合这些实验发现表明，随着认知能力的不断完善，儿童在习得和应用因果

[①] 可以把撞击理解为一种具有较快相对速度的接触。

[②] SOBEL D M, YOACHIM C M, GOPNIK A, et al. The blicket within: Preschoolers' inferences about insides and causes [J]. Journal of Cognition and Development, 2007 (2): 159 – 182.

[③] SOBEL D M, BUCHANAN D W. Bridging the gap: Causality – at – a – distance in children's categorization and inferences about internal properties [J]. Cognitive Development, 2009 (24): 274 – 283.

[④] ERB C D, BUCHANAN D W, SOBEL D M. Children's developing understanding of the relation between variable causal efficacy and mechanistic complexity [J]. Cognition, 2013 (129): 494 – 500.

知识过程中更倾向于发现和应用支持相关因果关系的特定因果机制。

5. 认知系统倾向于发现更多支持特定因果关系的因果机制

因果机制作为因果事件之间如何产生因果关系的隐含机制解释，同样的因果关系可能存在不同的因果机制，即不同的因果机制可以表现为相同的因果关系。同时，当特定的因果关系得到某种因果机制解释以后，这种解释特定因果关系的因果机制本身也有待更深层次因果机制的解释，因而同一因果关系存在不同层次的因果机制。比如，在科恩等人的小球撞击实验中，A球撞击B球后立即静止和B球被A球撞击后立即启动，这一对因果事件间的因果关系首先可以通过经典力学原理提供因果机制解释，但经典力学解释本身是否充分合理，仍需要更深层次的二阶因果机制解释。就认知主体而言，一方面会对特定因果机制解释力的充分合理性存在不同程度的质疑，另一方面会渴望对不同层级因果机制本身有更深入的理解。

6. 特定因果关系的确认度随着因果律则、时空连续性、因果机制的发现而快速趋向饱和

特定的"因果事件"之间是否真的存在因果关系，需要得到不断的确认，当"结果事件"伴随"原因事件"发生成为大概率现象，即当彼此之间的统计律则成立时，该"因果事件"之间很可能存在因果关系；当彼此之间的时空连续性被发现时，则可以初步确认其因果关系；当相应的因果机制进一步被发现时，因果关系则得以基本确认；当更深层次的因果机制被发现时，因果关系则更进一步趋向于完全被确认。

综合前述六条原则可以发现，自认知主体形成统计抽象能力以来，便开始应用这种能力感知现实世界中各种抽象的对象，包括各种抽象概念、关系和现象等。其中，作为维系整个现实世界有序存在最重要的运行规则，因果关系成为认知系统最重要的认知对象，获取和应用因果知识成为最重要的认知任务，即获取特定的因果关系知识及其因果机制知识，应用这些知识对相关现象进行解释，对未来进行有效的预见，成为认知主体最重要的认知活动。因而整个因果认知的核心内容为对特定因果关系的感知、确认、解释并应用因果关系对其他相关现象进行解释及预见。在这一系列认知活动中，习得特定因果关系知识是其他认知活动

的基础,但由于因果关系的抽象性而无法被直接感知,需要对相关的因果关系进行不断的多层次的确认和解释,因而对特定因果关系的多重确认和解释,构成整个因果知识习得过程的最核心内容。因果知识习得的整个简要过程如图5-4所示。

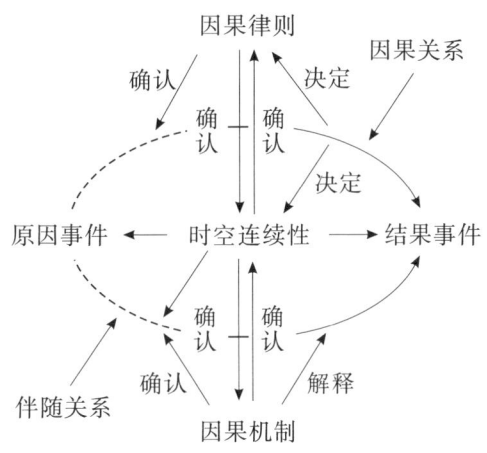

图 5-4 因果知识习得 VEMACK 模型

作为概念理论说中理论知识的主要内容,基于范例和原型概念的因果知识,同样适用 CLA 模型中的信息处理原则(特别是 IPPs)和 VEMACK 模型。

第四节 概念的自然类地位

根据概念异质性假说,范例、原型和理论作为三种基本概念类型或概念的三个子范畴,彼此之间没有基于特定因果机制的共同属性并各自被应用于不同的认知过程,因而由范例、原型和理论三种基本概念类型组成的上级范畴(概念)并不能构成一个自然类,进而不能作为一个科学范畴而继续在认知科学理论词汇中保留。然而,从本书第三章对概念的三种基本类型的分析可以发现,概念理论说所主张的以范畴属性之间因果知识为主要内容的理论知识,并不具有与范例和原型等基本概念类型对等的地位,这些理论知识并不能单独构成一种概念类型。结合本书第四章对串行式与并行式多过程理论的分析可以发现，范例、原型和理论也并非各自被应用于不同的认知过程。再结合本章第二、三节的分析可以发现，范例、原型和以因果知识为主的理论概念之间存在严密的逻辑依存关系。本节内容将重新梳理范例、原型、定义和理论与其"上级范畴"（概念）之间的关系，从而真正确立概念的自然类地位。

一、"概念"的无效范畴地位

根据本书第三章对概念的三种基本类型的分析论述，概念理论说中的理论知识并不具备范例和原型等基本概念类型所具有的表征和指称功能，因而并不能构成一种独立的概念类型，更不能构成一种基本概念类型。但根据本章第二、第三节的内容，范例和原型等基本概念所表征的各范畴属性之间的因果知识，与范例和原型概念之间存在严密的逻辑依存关系，这些理论知识虽然不能单独构成一种概念类型，但仍然是关于特定范畴知识体中不可或缺的组成部分。

由于理论知识并不能真正拥有与范例和原型等基本概念类型相等的地位，也不能真正拥有与它们相等的作为概念子范畴的地位，因而范例、原型和理论三者不能构成一个有效的范畴，即概念异质性假说中范例、原型和理论三者一起，并不能共同构成一个有效的上级概念范畴，只能构成一个所谓的上级概念范畴。既然概念异质性假说中的"概念"并不是一个有效概念范畴，便更不能构成科学意义上的自然类范畴，那么标记这种所谓概念范畴的"概念"从认知科学理论词汇中消去是理所当然的。只不过这种消去方式并不适用于墨菲和史迪奇提出的水平论证科学概念消去论，因为由范例、原型和理论构成的所谓"概念"并不构成该论证第一项条件中的有效上级范畴 K，同时理论知识也不构成该条件中的有效子范畴。

二、概念自然类地位的纵向回归

在概念异质性假说中，范例、原型和理论只是构成一个所谓的上级概念范畴，而指称这个"范畴"的所谓"概念"从认知科学理论词汇中消去是理所当然的。然而"概念"这个术语本身并不必然指称由范例、原型和理论构成的这个所谓"范畴"，而是可能真正指称一个自然类范畴。

麦歇瑞认为，当且仅当某个范畴拥有大量的科学属性，并能最大限度涵盖基于某些因果机制而拥有或倾向于拥有这些属性的范畴成员时，这个范畴才能构成一个自然类[1]。麦歇瑞对自然类的这种刻画理论，简称为自然类的因果概念，包括三层含义：首先，构成自然类的范畴必须拥有大量的科学属性；其次，这类范畴之所以拥有大量的科学属性，是因为存在某些因果机制；最后，该范畴的所有成员都拥有或倾向于拥有这些科学属性。

根据麦歇瑞对自然类的因果刻画，由范例、原型和定义三者共同构成的概念范畴，能够很好地满足其三个方面的要求。首先，范例、原型和定义之间拥有很多共同的科学属性。比如，它们拥有共同的指称对象，都能对指称对象进行有效表征，都能有效参与各种认知过程，等。其次，它们拥有这些共同的科学属性，源于其拥有共同的指称对象及其形成过程中严密的逻辑依存关系等因果机制。最后，范例、原型和定义三者都同时拥有前述各种科学属性或倾向于共同拥有其他科学属性。因此，范例、原型和定义三种基本概念类型能够共同构成一个自然类范畴，这个范畴能够很好地满足麦歇瑞对自然类的因果刻画。

对照墨菲和史迪奇提出的水平论证科学概念消去论，一方面，由范例、原型和定义三者共同构成的范畴拥有很多共同的科学属性，而且三者也能各自构成独立的范畴并拥有诸多共同的科学属性，不存在一个比范例、原型和定义三者共同构成的范畴更大的范畴与之拥有相同的科学属性。另一方面，范例、原型和定义三者之间所拥有的共同科学属性并非是偶然的，而是基于其形成过程存在严密的逻辑关系及其共同的指称对象等多方面的因果机制。因此，这种水平论证科学概念消去论并不适用于由范例、原型和定义这三种基本概念类型共同构成的概念范畴，进而也不可能消去与这个范畴对应的"概念"。为了便于讨论，这种概念被称为纵向概念（Vertical Concepts），简称V概念。

通过以上分析还可以发现，由范例、原型和定义三种基本概念类型构成的纵向概念，还能很好地满足自然类通常所具有的四种特征：①因果机制特征，即范例、原型和定义三者之间所拥有的共同属性可以通过不同的因果机制进行解释；②嵌入及交叉结构特征，即范例、原型和定义三者除了共同构成一个自然类而成

---

[1] MACHERY E. Doing without Concepts [M]. Oxford: Oxford University Press, 2009: 232.

为这个自然类的子集外，三者也能分别构成独立的自然类；③属性多样性特征，即范例、原型和定义三者之间拥有多种不同类型的共同属性；④自然类的多样性特征，即由范例、原型和定义三者构成的自然类范畴的外延和内涵会随着其指称对象范畴的变化而变化。

综合来看，由于理论知识本身并不能单独构成一种有效的概念类型，概念异质性假说中由范例、原型和理论三者共同构成的所谓概念范畴——纵向概念并不能真正构成一种有效的范畴，因而这种意义上的"概念"理应从认知科学理论词汇中消去。然而，由范例、原型和定义三者共同构成的纵向概念，却能够很好地满足自然类因果概念的所有要求，能有效构成一个自然类范畴，因而这种意义上的"概念"理应在认知科学理论词汇中继续保留。同时，由于这种意义上的概念所包含的子范畴（范例、原型和定义三种基本概念类型）是对其进行纵向分类的结果，因而这种意义上的概念所获得的自然类地位，被称为概念自然类地位的纵向回归；通过这种方式所获得的概念自然类地位，被称为概念的纵向自然类地位；这种意义上的概念，则被称为纵向自然类概念或纵向自然类意义上的概念。

三、概念自然类地位的横向回归

根据前述概念自然类地位的纵向回归分析，虽然范例、原型和定义三者能够共同构成概念这个完整的自然类范畴，其自身作为概念的三个子范畴也分别拥有各自的自然类地位。然而，概念作为特定范畴的知识体理应保持其自身的完整性，本章第二、三节的分析也表明，表征概念指称对象不同属性之间关系的、以因果知识为主的理论知识的形成过程，与范例和原型等概念的形成过程存在严密的逻辑关系，因而理应成为概念这个完整知识体不可或缺的一部分（即使其不能单独构成一种有效的概念形式）。

与前述概念的纵向自然类地位相对应，如果按照概念的指称对象对概念进行分类，那么不同的对象范畴拥有不同的概念，但这些不同的概念都拥有相同的内部结构，即都包括范例、原型、定义和理论四种关于该范畴的不同知识体[①]，而这些不同对象范畴的概念构成的范畴完全满足因果自然类概念的全部要求，因而

---

① 虽然有些范畴的概念并不完全包括这四个部分，比如某些数学范畴的概念可能只包括定义和理论两个部分，但这种特殊情况并不影响概念范畴的基本结构。

能够构成一个完全有效的自然类范畴。为了叙述方便，这种概念被称为横向概念（Horizontal Concepts），简称 H 概念。

首先，这种横向概念完全满足麦歇瑞对自然类因果刻画的三个方面：①横向概念的不同成员或子范畴之间拥有诸多共同的科学属性，比如它们拥有相同的内部结构，都拥有范例、原型、定义和理论这四种不同的知识体，以及具有相同的认知功能等；②它们拥有这些共同的科学属性，源于其拥有相同的形成机制及其他可能的因果机制；③横向概念的所有成员或子范畴都共同拥有或倾向于共同拥有前述及其他科学属性，比如都拥有或倾向于拥有相同的内部结构或其他科学属性。因此，横向概念完全能够构成一个自然类。

其次，对照墨菲和史迪奇提出的水平论证科学概念消去论，一方面，除了横向概念这个上级范畴本身拥有很多共同的科学属性之外，其子范畴也拥有诸多共同的科学属性。就特定的对象范畴而言，没有比与其对应的横向概念更大的范畴拥有与之相同的科学属性。比如，某范畴 A 及其子范畴 A_1、A_2、A_3 对应横向概念 C 及其子范畴 C_1、C_2、C_3，没有其他比 C 更大的范畴拥有与 C 完全相同的科学属性，因为横向概念 C 的完整内容只与范畴 A 存在完全对应关系。另一方面，横向概念各成员或子范畴之间所拥有的共同科学属性并非是偶然的，而是基于其相同的形成机制及其指称范畴属于共同的上级范畴等多方面的因果机制。比如，上述 C_1、C_2、C_3 之间之所以拥有诸多共同的科学属性，是因为它们拥有相同的形成机制，同时它们的指称对象 A_1、A_2、A_3 拥有共同的上级范畴 A。因此，该消去论论证并不适用于横向概念，进而也不可能消去与之对应的理论术语"概念"。

通过以上分析，我们还可以发现，横向概念还能完全满足自然类通常所具有的四种特征：①因果机制特征，即横向概念各成员或子范畴之间所拥有的共同属性可以通过不同的因果机制（如相同的形成过程等）进行解释；②嵌入及交叉结构特征，即横向概念各成员或子范畴除了共同构成一个自然类而成为这个自然类的子集外，还能分别构成一个独立的自然类，如上述 A_1、A_2、A_3 存在下级子范畴时，C_1、C_2、C_3 则可以单独构成不同的自然类；③属性多样性特征，即横向概念各成员或子范畴之间拥有多种不同类型的共同属性；④自然类的多样性特征，即横向概念的内容及其结构会随着其指称范畴的变化而变化。

综合来看，由于横向概念是通过对概念的指称对象进行横向分类的结果，而且完全符合麦歇瑞提出的自然类因果刻画，因而获得自然类地位的这种方式，被称为概念自然类地位的横向回归。通过这种方式获得的概念自然类地位，被称为概念的横向自然类地位。这种意义上的概念，则被称为横向自然类概念或横向自然类意义上的概念。除了概念异质性假说中由于理论不能构成一个有效概念类型而应该将标记其所谓上级范畴的"概念"消去，并保留本节第二部分内容中提出的纵向自然类意义上的"概念"之外，由于前述内容中横向自然类概念包括了比纵向自然类概念更加完整的内容而更具自然类意义，因而更应该在认知科学理论词汇中继续保留"概念"这一特定术语。

  本章通过分析范例、原型及理论形成过程之间的逻辑关系，结合本书第三章的分析结果，并对照概念异质性假说中的科学概念消去论论证，认为概念异质性假说中作为三种基本概念类型的理论其实并不构成一种有效的概念类型，进而指向范例、原型和理论组成的所谓概念范畴的"概念"理应从认知科学理论词汇中消去，但这种消去并不适用概念异质性假说中的科学概念消去论论证。同时认为，由范例、原型和定义三种基本概念类型构成的概念范畴构成纵向自然类意义上的概念，由范例、原型、定义和理论四部分知识体构成的横向自然类意义上的概念满足麦歇瑞对自然类的因果刻画，指向这两种意义上概念范畴的"概念"都应该在认知科学理论词汇中继续保留。

参考文献

[1] ABBOTT B. A note on the nature of water [J]. Mind, 1997 (422): 311 – 319.

[2] ABBOTT B. Water = H_2O? [J]. Mind, 1999 (429): 145 – 148.

[3] AHN W K. Why are different features central for natural kinds and artifacts? The role of causal status in determining feature weights [J]. Cognition, 1998 (69): 135 – 178.

[4] AHN W K, GELMAN S A, AMSTERLAW J A, et al. Causal status effect in children's categorization [J]. Cognition, 2000 (76): B35 – B43.

[5] AHN W K, KIM N S, LASSALINE M E, et al. Causal status as a determinant of feature centrality [J]. Cognitive Psychology, 2000 (41): 361 – 416.

[6] AHN W K, LUHMANN C C. Demystifying theory – based categorization [C] // GERSHKOFF – STOWE L, RAKISON D. Building object categories in developmental time. Mahwah, NJ, US: Lawrence Erlbaum Associates Publishers, 2004: 277 – 300.

[7] ANDERSON J R. How Can the Human Mind Occur in the Physical Universe? [M]. Oxford: Oxford University Press, 2007.

[8] ANDERSON J R, TAATGEN N. The past, present, and future of cognitive architecture [J]. Topics in Cognitive Sciences, 2010 (2): 693 – 704.

[9] ANDERSON M L. Neural reuse: A fundamental organizational principle of the brain [J]. Behavioral and Brain Science, 2010 (33): 245 – 313.

[10] ASHBY F G, ALFONSO – REESE L A, TURKEN A U, et al. A neuropsychological theory of multiple systems in category learning [J]. Psychological Review, 1998 (105): 442 – 481.

[11] ASHBY F G, MADDOX W T. Human category learning [J]. Annual Review of Psychology, 2005 (56): 149 – 178.

[12] ASHBY F G, WALDRON E M. The neuropsychological bases of category learning [J]. Current Directions in Psychological Science, 2000 (9): 10 – 14.

[13] BAARS B J. A Cognitive Theory of Consciousness [M]. New York: Cambridge University Press, 1988.

[14] BAARS B J, FRANKLIN S, RAMSOY T Z. Global Workspace dynamics: Cortical "binding and propagation" enables conscious contents [J]. Frontiers in Psychology, 2013 (4): 1 – 22.

[15] BADRE D. Cognitive control, hierarchy and the rostro – caudal organization of the frontal lobes [J]. Trends in Cognitive Sciences, 2008 (5): 193 – 200.

[16] BARRERA M E, MAURER D. Discrimination of strangers by the three – month – old [J]. Children Development, 1981 (52): 558 – 563.

[17] BARRETT H C, KURZBAN R. Modularity in cognition: Framing the debate [J]. Psychological Review, 2006 (3): 628 – 647.

[18] BARSALOU L W. Context – independent and context – dependent information in concepts [J]. Memory, and Cognition, 1982 (1): 82 – 93.

[19] BARSALOU L W. Ad hoc categories [J]. Memory, and Cognition, 1983 (10): 82 – 93.

[20] BARSALOU L W. Ideals, central tendency, and frequency of instantiation as determinants of graded structure in categories [J]. Journal of Experimental Psychology: Learning, Memory, and Cognition, 1985 (4): 629 – 654.

[21] BARSALOU L W. Abstraction in perceptual symbol systems [J]. Philosophical Transactions of the Royal Society of London: Biological Sciences, 2003 (358): 1177 – 1187.

[22] BARSALOU L W. Grounded cognition [J]. Annu. Rev. Psychol, 2008 (59): 617 – 645.

[23] BERMUDEZ J L. Philosophy of Psychology: Contemporary Readings [C] // MOSER P K. Routledge Contemporary Readings in Philosophy. New York and London: Routledge, 2005.

[24] BERMUDEZ J L. Philosophy of Psychology: A contemporary introduction [C] // MOSER P K. Routledge Contemporary Introductions to Philosophy. New York

and London: Routledge, 2006.

[25] BLANCHARD T. Default knowledge, time pressure and the theory – theory of concepts [J]. Behavior and Brain Science, 2010 (33): 206 – 207.

[26] BOTTERILL G, CARRUTHERS P. The Philosophy of Psychology [M]. New York: Cambridge University Press, 1999.

[27] BOTVINICK M M. Hierarchical models of behavior and prefrontal function [J]. Trends in Cognitive Sciences, 2008 (5): 201 – 208.

[28] BUCHANAN D W, SOBEL D M. Mechanism – based causal reasoning in young children [J]. Child Development, 2011 (6): 2053 – 2066.

[29] BUSEMEYER J, TOWNSEND J T. Decision field theory: A dynamic – cognitive approach to decision making [J]. Psychological Review, 1993 (100): 432 – 459.

[30] CABEZA R, BRUCE V, KATO T, et al. The prototype effect in face recognition: Extension and limits [J]. Memory, and Cognition, 1999 (1): 139 – 151.

[31] CARAMAZZA A, MAHON B Z. The organization of conceptual knowledge: Evidence from category – specific semantic deficits [J]. Trends in Cognitive Sciences, 2003 (8): 354 – 361.

[32] CARAMAZZA A, MAHON B Z. The organization of conceptual knowledge in the brain: The future's past and some future directions [J]. Cognitive Neuropsychology, 2006 (23): 13 – 38.

[33] CAREY S E, JOHNSON S C. Metarepresentations and conceptual change: Evidence from Williams syndrome [C] // SPERBER D. Metarepresentation: A Multidisciplinary Perspective. New York: Oxford University Press, 2000: 225 – 264.

[34] CARRUTHERS P. The Architecture of the Mind [M]. Oxford: Clarendon Press, 2006.

[35] CHEN X. The emergence and development of causal representations [C] // MAGNANI L, et al. Philosophy & Cognitive Science II. Springer, 2015: 21 – 34.

[36] CHAPLIN W F, JOHN O P, GOLDBERG L R. Conceptions of states and traits: Dimensional attributes with ideals as prototypes [J]. Journal of Personality and Social Psychology, 1988, 54 (4): 541 – 557.

[37] CHURCHLAND P M. Eliminative materialism and the propositional attitudes [J]. Journal of Philosophy, 1981 (78): 67 – 90.

[38] CICCHINO J B, ASLIN R N, RAKISON D H. Correspondences between what infants see and know about causal and self – propelled motion [J]. Cognition, 2011 (118): 171 – 192.

[39] CLARK A. Associative Engines: Connectionism, Concepts, and Representational Change [M]. Cambridge, MA, US: The MIT Press, 1993.

[40] CLARK A. Supersizing the Mind: Embodiment, Action, and Cognitive Extension [M]. New York: Oxford University Press, 2008.

[41] CLARK A, CHALMERS D. The extended mind [J]. Analysis, 1998 (1): 7 – 19.

[42] COHEN L B, AMSEL G. Precursors to infants' perception of the causality of a simple event [J]. Infant Behavior and Development, 1998 (4): 713 – 732.

[43] COHEN L B, CHAPUT H H, CASHON C H. A constructivist model of infant cognition [J]. Cognitive Development, 2002 (17): 1323 – 1343.

[44] COLTHEART M, CURTIS B, ATKINS P, et al. Models of reading aloud: Dual – route and parallel – distributed – processing approaches [J]. Psychological Review, 1993 (100): 589 – 608.

[45] COLTHEART M, RASTLE K, PERRY C, et al. DRC: A dual route cascaded model of visual word recognition and reading aloud [J]. Psychological Review, 2001 (108): 204 – 256.

[46] CONANT M B, TRABASSO T. Conjunctive and disjunctive concept formation under equal – information conditions [J]. Journal of Experimental Psychology, 1964 (3): 250 – 255.

[47] COSMIDES L, TOOBY J. Origins of domain specificity: The evolution of functional organization [C] // HIRSCHFELD L, GELMAN S. Mapping the Mind: Domain Specificity in Cognition and Culture. New York: Cambridge University

Press, 1994: 84 – 116.

[48] DANKS D. Theory unification and graphical models in human categorization [C] // GOPNIK A, SCHULZ L. Causal Learning: Psychology, Philosophy, and Computation. New York: Oxford University Press, 2007: 173 – 189.

[49] DEARCAIS, G B F, SCHREUDER R, GLAZENBORG G. Semantic Activation during recognition of referential words [J]. Psychological Research, 1985 (45): 339 – 354.

[50] DENNETT D C. Learning and labeling [J]. Mind & Language, 1993 (8): 540 – 548.

[51] DENNETT D C. Kinds of Minds: Toward an Understanding of Consciousness [M]. New York: Basic Books, 1996.

[52] DEVLIN J T, RUSHWORTH M F S, MATTHEWS P M. Category – related activation for written words in the posterior fusiform is task specific [J]. Neuropsychologia, 2005 (43): 69 – 74.

[53] DIAS M, HARRIS P L. The influence of the imagination on reasoning by young children [J]. British Journal of Developmental Psychology, 1990 (8): 305 – 318.

[54] EGNER T. Multiple conflict – driven control mechanisms in the human brain [J]. Trends in Cognitive Sciences, 2008 (10): 374 – 380.

[55] ERB C D, BUCHANAN D W, SOBEL D M. Children's developing understanding of the relation between variable causal efficacy and mechanistic complexity [J]. Cognition, 2013 (129): 494 – 500.

[56] ESCH T, KRISTAN W B. Decision – making in the leech nervous system [J]. Integrative and Comparative Biology, 2002 (4): 716 – 724.

[57] FISHER S C. The process of generalizing abstraction; and its product, the general concept [J]. Psychological Monographs, 1916 (21): 1 – 209.

[58] FODOR J A. Special sciences [J]. Synthese, 1974 (28): 97 – 115.

[59] FODOR J A. The Language of Thought [M]. New York: Crowell, 1975.

[60] FODOR J A. The Modularity of Mind [M]. Cambridge, Mass: MIT Press, 1983.

[61] FODOR J A. Language, thought and compositionality [J]. Mind & Language, 2001a (1): 1 – 15.

[62] FODOR J A. The Mind Doesn't Work That Way: The Scope and Limits of Computational Psychology [M]. Cambridge, Mass: MIT Press, 2001b.

[63] GELMAN S A, BLOOM P. Young children are sensitive to how an object was created when deciding what to name it [J]. Cognition, 2000 (76): 91 – 103.

[64] GELMAN S A, BLOOM P. Developmental changes in the understanding of generics [J]. Cognition, 2007 (105): 163 – 183.

[65] GELMAN S A, MARKMAN E. Young children's inductions from natural kinds: The role of categories and appearances [J]. Child Development, 1987 (58): 1532 – 1541.

[66] GENGERELLI J A. Mutual interference in the evolution of concepts [J]. American Journal of Psychology, 1927 (4): 639 – 646.

[67] GIGERENZER G, GOLDSTEIN D G. Reasoning the fast and frugal way: Models of bounded rationality [J]. Psychological Review, 1996 (4): 650 – 669.

[68] GODFREY – SMITH P. Theory and Reality: An Introduction to the Philosophy of Science [M]. Chicago: University of Chicago Press, 2003.

[69] GOLDSTEIN D G, GIGERENZER G. Models of ecological rationality: The recognition heuristic [J]. Psychological Review, 2002 (109): 75 – 90.

[70] GOPNIK A, GLYMOUR C, SOBEL D, et al. A theory of causal learning in children: Causal maps and Bayes nets [J]. Psychological Review, 2004 (1): 1 – 31.

[71] GOPNIK A, SCHULZ L. Mechanisms of theory – formation in young children [J]. Trends in Cognitive Sciences, 2004 (8): 371 – 377.

[72] GRANT, C M, RIGGS K J, BOUCHER J. Counterfactual and mental state reasoning in children with autism [J]. Journal of Autism and Developmental Disorders, 2004 (2): 177 – 188.

[73] GREENE J D, HAIDT J. How and where does moral judgment work? [J]. Trends in Cognitive Sciences, 2002 (6): 517 – 523.

[74] GRIFFITHS T L, TENENBAUM J B. Theory – based causal induction [J].

Psychological Review, 2009 (4): 661-716.

[75] GROSSMAN M, KOENIG P, DEVITA C, et al. The neural basis for category-specific knowledge: An fMRI study [J]. Neuroimage, 2002 (15): 936-948.

[76] GRUSH R. In defense of some "Cartesian" assumptions concerning the brain and its operation [J]. Biology & Philosophy, 2003 (18): 53-93.

[77] HAMPTON J A. An investigation of the nature of abstract concepts [J]. Memory, and Cognition, 1981 (2): 149-156.

[78] HAMPTON J A. Overextension of conjunctive concepts: Evidence for a unitary model of concept typicality and class inclusion [J]. Journal of Experimental Psychology: Learning, Memory, and Cognition, 1988 (1): 12-32.

[79] HAMPTON J A. Testing the prototypes theory of concepts [J]. Journal of Memory and Language, 1995 (34): 686-708.

[80] HAMPTON J A. Conceptual combination: Conjunction and negation of natural concepts [J]. Memory, and Cognition, 1997 (6): 888-909.

[81] HERRING D R, WHITE K R, JABEEN L N, et al. On the Automatic Activation of Attitudes: A Quarter Century of Evaluative Priming Research [J]. Psychological Bulletin, 2013 (5): 1062-1089.

[82] HOMA D, STERLING S, TREPEL L. Limitations of exemplar-based generalization and the abstraction of categorical information [J]. Journal of Experimental Psychology: Human Learning and Memory, 1981 (6): 418-439.

[83] HSU N S, KRAEMER D J M, OLIVER R T, et al. Color, context, and cognitive style: Variations in color knowledge retrieval as a function of task and subject variables [J]. Journal of Cognitive Neuroscience, 2011 (9): 2544-2557.

[84] HULL C L. Quantitative aspects of the evolution of concepts [J]. Psychological Monographs, 1920 (28): 1-86.

[85] HULL D. A matter of individuality [J]. Philosophy of Science, 1978, 45: 335-360.

[86] INAGAKI K, HATANO G. Young children's conceptions of the biological world

[J]. Current Directions in Psychological Science, 2006 (4): 177 - 181.

[87] KAN I P, BARSALOU L W, SOLOMON K O, et al. Role of mental imagery in a property verification task: fMRI evidence for perceptual representations of conceptual knowledge [J]. Cognitive Neuropsychology, 2003 (20): 525 - 540.

[88] KAMP H, PARTEE B. Prototype theory and compositionality [J]. Cognition, 1995 (57): 129 - 191.

[89] KEIL F C, CARTER S W, SIMONS D J, et al. Two dogmas of conceptual empiricism: Implications for hybrid models of the structure of knowledge [J]. Cognition, 1998 (65): 103 - 135.

[90] KNOWLTON B J. What can neuropsychology tell us about category learning [J]. Trends in Cognitive Sciences, 1999 (3): 123 - 124.

[91] KOMATSU L K. Recent views of conceptual structure [J]. Psychological Bulletin, 1992 (112): 500 - 526.

[92] KRUSCHKE J K. ALCOVE: An exemplar - based connectionist model of category learning [J]. Psychological Review, 1992 (1): 22 - 44.

[93] LACHMAIR M, DUDSCHIG C, DEFILIPPIS M, et al. Root versus roof: automatic activation of location information during word processing [J]. Psychon Bull, Rev, 2011 (18): 1180 - 1188.

[94] LAIRD J E. The Soar Cognitive Architecture [M]. Cambridge, Mass/London, England: The MIT Press, 2012.

[95] LANCASTER J S, BARSALOU L W. Multiple organisations of events in memory [J]. Memory, 1997 (5): 569 - 599.

[96] LANGLOIS J H, ROGGMAN L A. Attractive faces are only average [J]. Psychological Science, 1990 (1): 115 - 121.

[97] LAPORTE J. Living water [J]. Mind, 1998 (107): 451 - 455.

[98] LAWSON C A, FISHER A V, RAKISON D H. How children learn the ins and outs: A training study of Toddler's categorization of animals [J]. Journal of Cognition and Development, 2015 (2): 236 - 251.

[99] LAWSON C A, RAKISON D H. Expectations about single events probabilities in the first year of life: The influence of perceptual and statistical information [J].

Infancy, 2013 (6): 961-982.

[100] LEBOIS L A M, WILSON-MENDENHALL C D, BARSALOU L W. Are automatic conceptual cores the gold standard of semantic processing? The context-dependence of spatial meaning in grounded congruency effects [J]. Cognitive Sciences, 2015 (39): 1764-1801.

[101] LEEVERS H J, HARRIS P L. Counterfactual syllogistic reasoning in normal four-year-olds, children with learning disabilities, and children with autism [J]. Journal of Experimental Child Psychology, 2000 (76): 64-87.

[102] LEVY N. Neuroechics: Ethics and the science of the mind [J]. Philosophy Compass, 2009 (1): 69-81.

[103] LOBUE V, RAKISON D H. What we fear most: A developmental advantage for threat-relevant stimuli [J]. Developmental Review, 2013 (33): 285-303.

[104] LUHMANN C C, AHN W K, PALMERI T. Theory-based categorization under speeded conditions [J]. Memory, and Cognition, 2006 (5): 1102-1111.

[105] LYNCH E B, COLEY J D, MEDIN D L. Tall is typical: Central tendency, ideal dimensions and graded category structure among tree experts and novices [J]. Memory, and Cognition, 2000 (1): 41-50.

[106] MACHERY E. Concepts are not a natural kind [J]. Philosophy of Science, 2005 (72): 444-467.

[107] MACHERY E. How to split concepts: Reply to Piccinini and Scott [J]. Philosophy of Science, 2006 (73): 410-418.

[108] MACHERY E. Concept empiricism: A methodological critique [J]. Cognition, 2007a (104): 19-46.

[109] MACHERY E. 100 Years of psychology of concepts: The theoretical notion of concept and its operationalization [J]. Studies in History and Philosophy of Biological and Biomedical Sciences, 2007b (38): 63-84.

[110] MACHERY E. Doing without Concepts [M]. Oxford: Oxford University Press, 2009.

[111] MACHERY E. Precis of doing without concepts [J]. Behavior and Brain Science, 2010a (33): 195-244.

[112] MACHERY E. Precis of doing without concepts [J]. Mind & Language, 2010b (25): 602-611.

[113] MACHERY E. Precis of doing without concepts [J]. Philos Stud, 2010c (149): 401-410.

[114] MACHERY E. Reply to Malt, B., and Prinz, J [J]. Mind & Language, 2010d (25): 634-646.

[115] MACHERY E, BARRETT C. Debunking adapting minds [J]. Philosophy of Science, 2006 (73): 232-246.

[116] MAGNANI L, LI P. Philosophy and Cognitive Science: Western & Eastern Studies [C] // MAGNANI L, ALISEDA A, LONGO G, et al. Studies in Applied Philosophy, Epistemology and Rational Ethics. New York: Springer, 2012.

[117] MALT B C. An on-line investigation of prototype and exemplar strategies in classification [J]. Journal of Experimental Psychology: Learning, Memory, and Cognition, 1989 (4): 539-555.

[118] MALT B C. Why we should do without concepts [J]. Mind & Language, 2010 (25): 622-633.

[119] MALT B C, JOHNSON E C. Do artifact concepts have cores? [J]. Journal of Memory and Language, 1992 (31): 195-217.

[120] MARGOLIS E, LAURENCE S. Concepts: Core Readings [C]. Cambridge, MA, US: The MIT Press, 1999.

[121] MARGOLIS E, LAURENCE S. The ontology of concepts-abstract objects or cental representations? [J]. NOUS, 2007 (4): 561-593.

[122] MARGOLIS E, LAURENCE S. The Conceptual Mind: New Directions in the Study of Concepts [C]. Cambridge, Massachusetts/ London, England: The MIT Press, 2015.

[123] MARGOLIS E, SAMUELS R, STICH S P. The Oxford Handbook of Philosophy of Cognitive Science [M]. New York: Oxford University Press, 2012.

[124] MCCLOSKEY M, GLUCKSBERG S. Natural categories: Well-defined or fuzzy sets? [J] Memory, and Cognition, 1978 (6): 462-472.

[125] MEDIN D L. Concepts and conceptual structure [J]. American Psychologist, 1989 (12): 1469-1481.

[126] MEDIN D L, LYNCH E B, SOLOMON K O. Are there kinds of concepts? [J] Annual Review of Psychology, 2000 (51): 121-147.

[127] MEDIN D L, SCHAFFER M M. Context theory of classification learning [J]. Psychological Review, 1978 (3): 207-238.

[128] MEDIN D L, SMITH E E. Concepts and concept formation [J]. Annual Review of Psychology, 1984 (35): 113-118.

[129] MEYER K, DAMASIO A. Convergence and divergence in a neural architecture for recognition and memory [J]. Trends in Neurosciences, 2009 (7): 376-382.

[130] MURPHY G L. Noun phrase interpretation and conceptual combination [J]. Journal of Memory and Language, 1990 (29): 259-288.

[131] MURPHY G L. The Big Book of Concepts [M]. Cambridge, Mass/London, England: The MIT Press, 2002.

[132] MURPHY G L, ALLOPENNA P D. The locus of knowledge effects in concept learning [J]. Journal of Experimental Psychology: Learning, Memory, and Cognition, 1994 (4): 904-919.

[133] MURPHY G L, MEDIN D L. The role of theories in conceptual coherence [J]. Psychological Review, 1985 (3): 289-316.

[134] NAZZI T, GOPNIK A. Sorting and acting with objects in early childhood: An exploration of the use of causal cues [J]. Cognitive Development, 2003 (18): 219-237.

[135] NOSOFSKY R M. Attention, similarity, and the identification-categorization relationship [J]. Journal of Experimental Psychology: Learning, Memory, and Cognition, 1986 (1): 39-57.

[136] NOSOFSKY R M. Exemplar-based accounts of relations between classification, recognition, and typicality [J]. Journal of Experimental Psychology:

Learning, Memory, and Cognition, 1988 (4): 700 – 708.

[137] NOSOFSKY R M, PALMERI T J, MCKINLEY S C. Rule – plus – exception model of classification learning [J]. Psychological Review, 1994 (1): 53 – 79.

[138] NOSOFSKY R M, ZAKI S R. Dissociations between categorization and recognition in amnesic and normal individuals: An exemplar – based interpretation [J]. Psychological Science, 1998 (9): 247 – 255.

[139] PALMERI T J. Exemplar similarity and the development of automaticity [J]. Journal of Experimental Psychology: Learning, Memory, and Cognition, 1997 (2): 324 – 354.

[140] PALMERI T J, FLANERY M A. Learning about categories in the absence of training: Profound amnesia and the relationship between perceptual categorization and recognition memory [J]. Psychological Science, 1999 (10): 526 – 530.

[141] PPAPEO L, RUMIATI R I, CECCHETTO C, et al. On – line changing of thinking about words: The effect of cognitive context on neural responses to verb reading [J]. Journal of Cognitive Neuroscience, 2012 (12): 2348 – 2362.

[142] PEACOCKE C. A Study of Concepts [M]. Cambridge, Mass: MIT Press, 1992.

[143] PEACOCKE C. Interrelations: Concepts, knowledge, reference and structure [J]. Mind& Language, 2004 (19): 85 – 98.

[144] PEACOCKE C. Rationale and maxims in the study of concepts [J]. NOUS, 2005 (1): 167 – 178.

[145] PECHER D, ZEELENBERG R, RAAIJMAKERS J G W. Does pizza prime coin? Perceptual priming in lexical decision and pronunciation [J]. Journal of Memory and Language, 1998 (38): 401 – 418.

[146] PICCININI G, SCOTT S. Splitting concepts [J]. Philosophy of Science, 2006 (73): 390 – 409.

[147] POSNER M I, KEELE S W. On the genesis of abstract ideas [J]. Journal of Experimental Psychology, 1968 (3): 353 – 363.

［148］POSNER M I, KEELE S W. Retention of abstract ideas［J］. Journal of Experimental Psychology, 1970（2）: 304–308.

［149］PRINZ J J. Furnishing the Mind: Concepts and Their Perceptual Basis［M］. Cambridge, MA, US: MIT Press, 2002.

［150］PRINZ J J. Can concept empiricism forestall eliminativism?［J］Mind & Language, 2010（25）: 612–621.

［151］RAFTOPOULOS A. Cognition and Perception: how do psychology and neural science inform philosophy?［M］Cambridge, Mass/London, England: MIT Press, 2009.

［152］RAKISON D H. A secret agent? How infants learn about the identity of objects in a causal scene［J］. Experimental Child Psychology, 2005a（91）: 271–296.

［153］RAKISON D H. Developing knowledge of objects' motion properties in infancy［J］. Cognition, 2005b（96）: 183–214.

［154］RAKISON D H. Inductive categorization: A methodology to examine the basis for categorization and induction in infancy［J］. Cognition, Brain and Behavior, 2007（4）: 773–790.

［155］RAKISON D H, BUTTERWORTH G E. Infants' use of object parts in early categorization［J］. Developmental Psychology, 1998a（1）: 49–62.

［156］RAKISON D H, BUTTERWORTH G E. Infants' attention to object structure in early categorization［J］. Developmental Psychology, 1998b（6）: 1310–1325.

［157］RAKISON D H, CICCHINO J B, HAHN E R. Infants' knowledge of the path that animals take to reach to a goal［J］. British Journal of Developmental Psychology, 2007（25）: 461–470.

［158］RAKISON D H, DERRINGER J. Do infants possess an evolved spider-detection mechanism?［J］Cognition, 2008（107）: 381–393.

［159］RAKISON D H, KROGH L. Does causal action facilitate causal perception in infants younger than 6 months of age?［J］Developmental Science, 2012（1）: 43–53.

[160] RAKISON D H, LUPYAN G, OAKES L M, et al. Developing object concepts in infancy: An association learning perspective [C] // COLLINS W A. Monographs of the Society for Research in Child Development. Boston, Mass/Oxford, United Kingdom: Wiley Blackwell, 2008, Serial No 289 (1): 1-127.

[161] RAKISON D H, POULIN-DUBOIS D. You go this way and I'll go that way: Developmental changes in infants' detection of correlations among static and dynamic features in motion events [J]. Child Development, 2002 (3): 682-699.

[162] RAKISON D H, SMITH G T, ALI A. Who is the dynamic duo? How infants learn about the identity of objects in a causal chain [J]. Developmental Psychology, 2016 (3): 353-363.

[163] RAKISON D H, YERMOLAYEVA Y. How to identify a domain-general learning mechanism when you see one [J]. Journal of Cognition and Development, 2011 (2): 134-153.

[164] REHDER B. A causal-model theory of conceptual representation and categorization [J]. Journal of Experimental Psychology: Learning, Memory, and Cognition, 2003 (6): 1141-1159.

[165] REHDER B, KIM S. How causal knowledge affects classification: A generative theory of categorization [J]. Journal of Experimental Psychology: Learning, Memory, and Cognition, 2006 (4): 659-683.

[166] RIPS L J. The current status of the research on concept combination [J]. Mind & Language, 1995 (10): 72-104.

[167] ROWLANDS M. The New Science of the Mind: From Extended Mind to Embodied Phenomenology [M]. Cambridge, Mass/London England: The MIT Press, 2010.

[168] RUBENSTEIN A J, KALAKANIS L, LANGLOIS J H. Infant preferences for attractive faces: A cognitive explanation [J]. Developmental Psychology, 1999 (3): 848-855.

[169] SAMUELS R. Massively modular minds: Evolutionary psychology and cognitive architecture [C] // CARRUTHERS P, CHAMBERLAIN A. Evolution and

the Human Mind. Cambridge, UK: Cambridge University, 2000: 13 – 46.

[170] SAMUELS R. The complexity of cognition: Tractability arguments for massive modularity [C] // CARRUTHERS P, LAURENCE S, STICH S. The Innate Mind: Structure and Contents. Oxford: Oxford University Press, 2007: 107 – 121.

[171] SCHREUDER R, DEARCAIS G B F, GLAZENBORG G. Eeffects of Perceptual and Conceptual Similarity in Semantic Priming [J]. Psychological Research, 1984 (45): 339 – 354.

[172] SIMMONS W K, RAMJEE V, BEAUCHAMP M S, et al. A common neural substrate for perceiving and knowing about color [J]. Neuropsychologia, 2007 (45): 2802 – 2810.

[173] SMITH E E, SLOMAN S A. Similarity – versus rule – based categorization [J]. Memory, and Cognition, 1994 (4): 377 – 386.

[174] SMITH J D. Exemplar theory's predicted typicality gradient can be tested and disconfirmed [J]. Psychological Science, 2002 (5): 437 – 442.

[175] SMITH J D, MINDA J P. Prototypes in the mist: The early epochs of category learning [J]. Journal of Experimental Psychology: Learning, Memory, and Cognition, 1998 (6): 1411 – 1436.

[176] SMITH J D, MINDA J P. Distinguishing prototype – based and exemplar – based processes in Dot – Pattern category learning [J]. Journal of Experimental Psychology: Learning, Memory, and Cognition, 2002 (4): 800 – 811.

[177] SMITH J D, MURRAY M J, MINDA J P. Straight talk about linear separability [J]. Journal of Experimental Psychology: Learning, Memory, and Cognition, 1997 (23): 659 – 680.

[178] SMOKE K L. An objective study of concept formation [J]. Psychological Monographs, 1932 (42): 1 – 46.

[179] SOBEL D M, BUCHANAN D W. Bridging the gap: Causality – at – a – distance in children's categorization and inferences about internal properties [J]. Cognitive Development, 2009 (24): 274 – 283.

[180] SOBEL D M, KIRKHAM N Z. Bayes nets and babies: Infants' developing sta-

tistical reasoning abilities and their representation of causal knowledge [J]. Developmental Science, 2007 (3): 298 – 306.

[181] SOBEL D M, YOACHIM C M, GOPNIK A, et al. The blicket within: Preschoolers' inferences about insides and causes [J]. Journal of Cognition and Development, 2007 (2): 159 – 182.

[182] SOLOMON K O, BARSALOU L W. Perceptual simulation in property verification [J]. Memory, and Cognition, 2004 (2): 244 – 259.

[183] SOLOMON K O, MEDIN D L, LYNCH E L. Concepts do more than categorize [J]. Trends in Cognitive Sciences, 1999 (3): 99 – 105.

[184] SQUIRE L R, KNOWLTON B J. Learning about categories in the absence of memory [J]. Proceedings of the National Academy of Sciences of the United States of America, 1995 (92): 12470 – 12474.

[185] STANTON R D, NOSOFSKY R M. Category number impacts rule – based and information – integration category learning: A reassessment of evidence for dissociable category – learning systems [J]. Journal of Experimental Psychology: Learning, Memory, and Cognition, 2013 (4): 1174 – 1191.

[186] STEIN P S G. Motor systems, with specific reference to the control of locomotion [J]. Annual Reviews, 1978 (1): 61 – 81.

[187] SUN R, LANGLEY P, LAIRD J E, et al. Cognitive architectures: Research issues and challenges [J]. Cognitive Systems Research, 2009 (10): 141 – 160.

[188] TENENBAUM J B, GRIFFITHS TL, KEMP C. Theory – based Bayesian models of inductive learning and reasoning [J]. Trends in Cognitive Sciences, 2006 (7): 309 – 318.

[189] THAGARD P. Mind: introduction to cognitive science [M]. Cambridge, Mass: MIT Press, 2005.

[190] THORPE S J, DELORME A, VAN RULLEN R. Spike based strategies for rapid processing [J]. Neural Networks, 2001 (14): 715 – 726.

[191] TOOBY J, COSMIDES L. The psychological foundations of culture [C] // BARKOW J H, COSMIDES L, TOOBY J. The Adapted Mind: Evolutionary

Psychology and the Generation of Culture. New York, US: Oxford University Press, 1992: 19 – 136.

[192] TUMMELTSHAMMER K S, WU R, SOBEL D M, et al. Infants track the reliability of potential informants [J]. Psychological Science, 2014 (9): 1730 – 1738.

[193] VAN DANTZIG S, RAFFONE A, HOMMEL B. Acquiring contextualized concepts: A connectionist approach [J]. Cognitive Sciences, 2011 (35): 1162 – 1189.

[194] WEISKOPF D A. The plurality of concepts [J]. Synthese, 2009 (169): 145 – 173.

[195] WHITNEY P, MCKAY T, KELLAS G, et al. Semantic activation of noun concepts in context [J]. Journal of Experimental Psychology: Learning, Memory, and Cognition, 1985 (1): 126 – 135.

[196] WILSON R A. Boundaries of the Mind: the individual in the fragile sciences – cognition [M]. New York: Cambridge University Press, 2004.

[197] WILSON R A. The drink you have when you're not having a drink [J]. Mind and Language, 2008 (3): 273 – 281.

[198] WISNIEWSKI E J. Prior knowledge and functionally relevant features in concept learning [J]. Journal of Experimental Psychology: Learning, Memory, and Cognition, 1995 (2): 449 – 468.

[199] WU R, MARESCHAL D. Attention to multiple cues during spontaneous object labeling [J]. Infancy, 2011 (5): 545 – 556.

[200] YEE E, AHMED S Z, THOMPSON – SCHILL S L. Colorless green ideas (can) prime furiously [J]. Psychological Science, 2012 (4): 364 – 369.

[201] YERMOLAYEVA Y, RAKISON D H. Connectionist modeling of developmental changes in infancy: Approaches, challenges, and contributions [J]. Psychological Bulletin, 2014 (1): 224 – 255.

[202] YERMOLAYEVA Y, RAKISON D H. Seeing the unseen: Second – order correlation learning in 7 – to 11 – month – olds [J]. Cognition, 2016 (152): 87 – 100.

后 记

  本书由笔者博士学位论文修改而成,其中沉淀着紧张而充实的博士研究生学习时光。时间过得很快,转眼间博士毕业已四年有余,在导师的提醒、同事的建议和单位的考核压力之下,本人终于开始考虑出版尘封已久的博士学位论文。本人从刚开始英语基础薄弱以及完全没有哲学和认知专业基础的窘境下一路走来,到能够完成让导师基本满意的博士学位论文,离不开每位老师、朋友和亲人的关心、鼓励、支持。

  感谢我的博士生导师李平教授。在我准备报考博士研究生但又没有信心而迷茫的时候,他第一时间回复邮件欢迎我报考;上学后,李老师除了用心传授和辅导专业知识,帮助确立研究方向,还在生活上提供了力所能及的资助并积极协调安排出国交换学习;在论文撰写的最后关键阶段,李老师更是多次亲自对论文进行逐字逐句的修改。这些还只是李老师提供的部分帮助。

  感谢我的认知专业课老师朱菁教授和分析哲学专业课老师黄敏教授,学习期间,两位老师为我提供了认知专业知识、分析哲学课程的严格训练和精心指导,还在生活上给予我暖心的帮助。学习期间其他各位课程老师的悉心教导帮我开阔了学术视野,让我形成了必要的学术涵养。

  人生道路上有了良师便不会迷失,有了朋友便不会孤单。在此我必须感谢帮助过我的三位朋友。一位是柴伟佳师兄,在我生病卧床的时候,他用自行车送我去医院并每天照顾我;另一位是何睿师兄,如若没有他的热情协助,我可能很难顺利完成博士论文的开题答辩;还有一位是我的初中同学赖明福先生,在我生活最困难的时候他慷慨解囊,为我免去了论文写作的后顾之忧。

　　在此，对九江学院各级领导、各位同事的支持、帮助表示感谢；诚挚地感谢华南理工大学出版社的全体员工，特别是项目部主任庄严先生和本书的责任编辑肖颖女士、封面设计王志远先生，是他们的辛勤而卓越的工作才使本书得以顺利出版。其实，需要感谢的人还有很多，但无法逐一列举，就如一直默默无闻理解我支持我的亲人，我只能深深地铭记，期待以后有能力回报所有关心、鼓励和帮助过我的人，用自己所学的知识回馈社会。

　　笔者才疏，书中种种不足，敬请读者指正。

向必灯

2022 年 10 月